西安城市夜景照明规划与实践探索

西安市城市规划设计研究院　编著

中国建筑工业出版社

西
安
城
市
夜
景
照
明
规
划
与
实
践
探
索

PLANNING AND PRACTICE EXPLORATION OF XI'AN CITY NIGHT LIGHTING

《西安城市夜景照明规划与实践探索》
编写委员会

主　　编：李　琪

执行主编：宋　颖　刘春凯　田　涛

编　　写：孙念念　石　珂　李　孜　范　雯

序：璀璨长安夜　耀启新梦想

城市夜景照明是城市照明艺术和城市景观的复合体，是城市物质文明达到一定高度后对城市景观多样性的必然要求，是展示城市特色魅力和发展夜间经济的有效手段。自古以来，西安这座城就与夜景照明有着不解之缘，拥有悠久的城市夜景历史和风貌文化。两千多年前的汉长安，每年的正月十五，人们都会涌上街头，挂灯、打灯、观灯，满街霓虹彩灯，到处花团锦簇、光影摇曳。隋唐以来，灯火景观之风盛行，并沿袭至今。唐代白居易《江楼夕望招客》诗中有云："灯火万家城四畔，星河一道水中央"；卢照邻《十五夜观灯》诗中有云："缛彩遥分地，繁光远缀天"；李商隐《正月十五夜闻京有灯恨不得观》诗中亦云："月色灯光满帝都，香车宝辇隘通衢"，都体现出唐代的城市夜景景观已经具有了相当的规模和质量。数千年的历史，让这座城拥有数不尽的流光溢彩，道不完的浪漫衷肠。

西安市先后组织编制了《西安市城市夜景照明管理办法》《西安市城市夜景亮化建设管理工作实施细则》《西安市节日亮化设计导则》等一系列法规、规划、技术规范。而其中由西安市城市规划设计研究院负责编制的《西安市夜景照明设计导则》，从重塑西安夜景形象、提高市民生活质量、盘活城市夜间经济的目标出发，提出"古韵流光、时代溢彩"的夜景亮化定位和"一城两环两河三横六纵九片区"的城市夜景结构，以期让城市格局亮出来、让城市元素秀出来、让城市特色炫起来，极力打造西安城市形象新名片，为西安市夜景景观打造作出了非常有意义的探索及推进！

历经多年的摸索与发展，现在的西安夜景照明发展取得了阶段性成果。汉风唐韵、古朴典雅、现代时尚、盛世华彩，光与影演绎着这里厚重的历史文化，彰显着这座城市非凡的气质与底蕴。每当夜幕降临，点亮的不只是一处处灯光，而是属于整个城市的精彩！夜晚的西安城市活力不断增强、消费不断提升、经济不断发展，"夜游西安"成为古都旅游形象的新亮点。2018年，在春节联欢晚会开播前，中央电视台《新闻联播》栏目及中央电视台中文国际频道，直播了西安的"西安年·最中国"璀璨夜景，得到了海内外的点赞；2019年，"西安年·最中国"的璀璨夜景受到了《人民日报》、中央电视台新闻频道、国际频道《中国新闻》栏目等多角度的关注；2020年，"中国年·看西安"更是得到了海内外众多优质媒体的持续关注与深入报道。西安也多次入选国内夜间游消费力前十强城市、全国夜间出行十大城市等。

作为《西安市夜景照明设计导则》的编制者，我们对西安市夜景照明的实践之路密切关注，本书就是对西安市城市夜景照明规划及实践的阶段性总结。我们也衷心地希望，未来的西安以夜景照明为抓手，真正打造出"古韵流光、时代溢彩"的夜间西安，为建设具有历史文化特色的国际化大都市添光增彩。

西安市城市规划设计研究院院长　李　琪

2020.7.6

目录 CONTENTS

PLANNING AND PRACTICE EXPLORATION OF XI'AN CITY NIGHT LIGHTING

西安市夜景照明规划与实践探索

西安

城市夜景点亮城市梦想

第一章
西安夜景照明探索之路

西 安 夜 景 照 明 发 展 历 程

西 安 夜 景 发 展 早 期 问 题 总 结

优 秀 城 市 夜 景 照 明 成 就

西 安 夜 景 照 明 发 展 思 索

一、西安夜景照明发展历程

西安，古称"长安""镐京"，历史上有周、秦、汉、隋、唐等在内的13个朝代在此建都，是国家历史文化名城。西安历史上曾经作为中国的政治、经济、文化中心长达1100多年。

一直以来，西安追求文化、旅游及商业的完美融合，结合城市的历史文化特色和职能定位，积极打造独具自身特色的夜景亮化精品工程。

西安的夜景照明建设经历了如下几个阶段。

20世纪80年代末至90年代末的初创阶段。西安围绕"改革开放"和"观光旅游"做文章，着力于城墙内重点景区及商业街的灯光改造，形成"以商养灯、以灯促商"的建设和管理机制。实现了基本的功能性照明的普及，西安顺城巷等重点地区功能性照明得到实施，城市治安、城市环境得到了极大的改善，夜间经济有了起步发展。从整体范围来看，据省农业遥感信息中心监测：1995～2000年，夜间灯光面积数量不断增加，到1998年关中地区的灯光面积数量增加至1992年的1.32倍，并呈现出点状向面状分布的趋势。

20世纪90年代末至2010年前后的快速发展时期。随着以西安高新区为代表的片区进一步成熟发展，以二环路为代表的重大基础设施的实施，城市骨架进一步拉大。1988年，西安主城区面积约为110平方公里，到2010年主城区面积增加到1988年的约3.5倍，达388平方公里，主城区向北跨过泾、渭两河到高陵、泾阳境内，向西与咸阳市区接壤，向南延伸到长安区。道路和桥梁被装点成一条条光带，一些隐没在黑暗中的小镇也亮起了点点星光，光带将这些点连在一起，西安的夜景版图也进一步扩大。另外，随着西安城市建设与旅游经济的迅猛发展，西安建设形成了大唐芙蓉园、大雁塔广场等全国知名的夜景景区，西安夜景照明进入了快速发展时期。

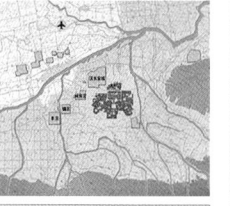  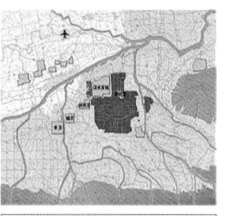 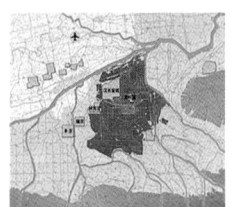

第一次总体规划	第二次总体规划	第三次总体规划	第四次总体规划
规划年限：1953~1972年	规划年限：1980~2000年	规划年限：1995~2010年	规划年限：2008~2020年
主城区规模： 用地：131平方公里 人口：120万	主城区规模： 用地：162平方公里 人口：180万	主城区规模： 用地：275平方公里 人口：310万	主城区规模： 用地：490平方公里 人口：528.4万
城市性质：以轻型精密机械制造和纺织为主的工业城市	城市性质：保持古城风貌，以轻纺、机械工业为主，科学、文教、旅游事业发达的社会主义现代化城市	城市性质：世界闻名的历史名城，我国重要的科研、高等教育及高新技术产业基地，带规模最大中心城市，陕西省省会	城市性质：陕西省省会，国家重要的科研、教育和工业基地，我国西部地区重要的中心城市之一，国家历史文化名城，将逐步建设成为具有历史文化特色的现代城市

■ 西安市主城区发展进程示意图

2010年之后，西安景观灯光事业进入了质变提升期。

"繁华的璀璨夜景将成为我市的又一亮点"是《西安市2010年城市建设管理提升年工作方案》中对西安夜景照明的设想，方案同时提出要对"44条街道、11个广场、8个景点和公园、9个立交桥"实施点亮工程。相较于2000年西安城市照明以道路照明的功能灯为主、基本没有景观灯的情况，该方案是对西安的夜晚点亮工程的一次加码，是实现西安点亮目标的重要举措。

1988年到2014年的夜光图谱显示，西安的夜景半径大幅延长。这是基于城市版图的迅速拓展，几十年间，西安市向东扩展了6.13公里，向南延伸了1.93公里，向西增加了1.95公里，向北增加了8.08公里。随之带来的是西安市路灯总量的增长，到2015年，路灯数量增加到29万余盏，增长近15倍，这其中既包括功能灯也包括景观灯。

2015年开始，城市"点亮"升级为城市"增亮"。2015年召开的西安城市精细化管理推进会上提出"西安将继续推进夜景亮化工程，5个街区夜景增亮，4条道路照明改造，巩固城市夜景景观效果。加强日常维护，确保路灯亮灯率保持在99%以上。完善南北中轴线、南二环、文景路、丈八路、长乐路5个街区夜景增亮工程。开展高速城市出入口周边及至二环主干道沿线道路两侧环境容貌整治，整修道路、建筑立面，提升绿化、亮化效果，打造城市出入通道景观长廊等"。2015年西安全市（不含开发区）在夜景亮化工程方面的投资约为3000万元人民币，这个数字足以显示西安在夜景照明工作中的力度。这一时期，以华清池"长恨歌"大型灯光歌舞活动为标志，西安夜景建设无论在物质载体、文化经营，还是意识形态上都具备了极好的发展动力。

从2017年开始，西安夜景照明进入了一个全新飞跃期。在品质、体量、管理、经济效益等方面，西安都有足够的自信说一句："引领西部、国内一流。"

2017年，西安将城市亮化列为民生工程，强调加快推进城市夜景亮化建设，进一步改善城市投资环境和旅游城市形象，打造"西安年·最中国"。依据《西安市城市夜景亮化

■ 2018年 华清池"长恨歌"大型灯光歌舞活动

■ 2008年 大唐芙蓉园

■ 2019年 大唐芙蓉园

■ 2019年 高新技术开发区

设计专项规划》和《西安市夜景照明设计导则》，按照"创新理念、突出特色、塑造精品、打造亮点、示范带动、整体提升"的思路，结合西安历史文化特色和城市定位，加快城市夜景亮化工程建设，打造独具大西安城市特色的夜景景观。

2018年12月，《西安市大十字轴线点亮示范路建设实施方案》正式印发，要求"全市夜景亮化由十字节点延展到整条道路，再到整片区域，点、线、面串联；二环以内重要道路、十字全覆盖点亮；其他各区县、开发区对辖区内至少三条道路进行城市夜景亮化建设提升，对道路上重要十字进行重点打造。"

期间，西安发起"品质西安城市夜景亮化建设提升PPP项目"，建设范围为城六区辖区范围内的部分街道、楼宇以及主要的人行天桥、立交桥、景点、公园广场等。总计道路34条，文物景点7处，立交及人行天桥34座，河湖水系21处，公园5个，对主要道路两侧建筑、天桥、绿地景观及钟鼓楼广场等重点区域进行亮化，同时建立城市景观亮化智能综合控制平台系统。

同时，借助2018西安国际灯光节、第三届丝绸之路国际电影节、中央电视台春节联欢晚会分会场、中央电视台中秋节晚会分会场、千架无人机灯光秀、"西安年·最中国"等特色活动，西安加强对城市夜景的建设，打造文化旅游新IP（知识产权），在海内外引起强烈反响。

2018年，在春节联欢晚会开播前，中央电视台《新闻联播》栏目及中央电视台中文国际频道，直播了西安"西安年·最中国"璀璨夜景，得到了海内外的一致好评。

■ 2019年　西安城墙新春灯会

　　2019年，"西安年·最中国"的璀璨夜景受到了中央电视台新闻频道、《中国新闻》《人民日报》等多方的关注。西安，再一次备受瞩目！

　　伴随着广泛的关注与好评，西安的夜景照明带来了多方面的良好效应，2019年春节假日西安共接待游客1652.39万人次，同比增长30.16%，实现旅游收入144.78亿元，同比增长40.35%。西安入选国内游消费力前十强城市、全国夜间出行十大城市以及最受游客欢迎的国内旅游城市之一。

■ 2019年 西安年·最中国——大唐不夜城

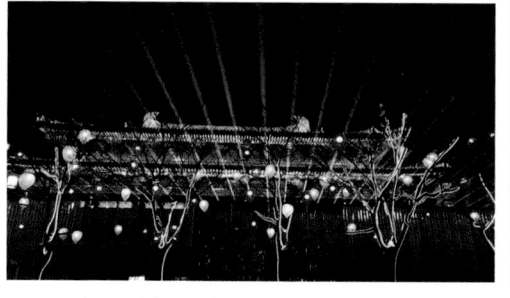

■ 2019年 西安年·最中国——西安美术馆

■ 2018年 西安年·最中国——大雁塔北广场

　　目前，西安正在着力打造全域旅游城市，力求通过夜景照明的建设，提升城市的文化、社会、环境及产业的附加值。为建设品质西安，西安市不断加快推进城市夜景亮化建设，进一步改善城市投资环境和旅游城市形象。

　　未来，西安将以夜景照明为抓手，建设成为"古代文明与现代文明交相辉映、老城区与新城区各展风采、人文资源与生态资源相互依托的丝绸之路经济带重要节点和具有历史文化特色的国际化大都市"。

二、西安夜景发展早期问题总结

1. 城市夜景系统不完善

纵观西安市夜景照明发展历程，城市夜景照明从最初的满足夜间道路交通照明，发展到重要旅游景点观光性照明，经历了点亮城市路网到局部节点夜景景观设计的过程。但整体来看，以往的城市夜景未能凸显城市山水格局、城市特色片区主题夜景氛围，主要轴线、重要节点等照明设计没有充分地衔接协调。

2. 城市重点区域亮化效果参差不齐

城市的重要片区、重要轴线、重要节点需要着重点亮，体现城市的特色及夜晚可识别度。但在2010年左右，西安城市夜景照明重点区域亮化效果存在一定的差异。比如曲江大唐不夜城、高新区夜景经过了统一设计，亮化效果较好，但同样作为城市重要标志物的电视塔区域却没有进行夜景照明设计，与周边区域也没能形成统一协调的夜晚景观。

3. 城市部分夜景照明协调度差

在西安城市夜景照明发展阶段，城市部分区域的协调度较差，破坏了城市整体夜景美感。比如环城公园周边过亮的现代建筑与城墙古朴的夜景照明氛围不协调；过度点亮的长安塔与其传统造型及周边景观不协调；城市局部存在的过亮、过于闪烁的巨型广告牌对周边居民生活产生干扰等问题。

西安城市夜景照明发展阶段

	1980~1990年	1990~2000年	2000~2010年	2010年至今
主要成就	"以商养灯、以灯促商"——城墙内重点景区及商业街灯光改造	夜间灯光面积、数量逐渐增加，城市治安、夜晚环境大幅改善	城市夜景初见特色，进入快速发展时期。西安高新技术产业开发区和二环路为代表的城市重大基础设施照明实施，形成大唐芙蓉园、大雁塔广场等知名夜间景点	城市夜景照明伴随城市基础设施整体提升，城市夜间经济、城市综合品质、城市知名度大幅提升
存在问题	城墙外无系统性景观照明，城市基础性照明尚不完善	缺乏景观性照明，城市夜间经济发展相对滞后	缺乏统一的照明体系设计，照明水平参差不齐	需要专项规划对照明的整体性、特色型、协调性、环保性进行统筹把控

■ 2013年 环城公园，过亮的建筑与环城公园和城墙不协调

■ 2011年 凼博园长安塔，过多的色彩与其传统造型不协调

三、优秀城市夜景照明成就

城市夜景照明就是用灯光对城市的夜间景观形象进行重塑，通过亮化城市、美化城市，为城市居民及游客的夜间生活提供一个安全、舒适、美好的光环境，同时全力展现城市夜景环境的独特魅力。

城市夜景照明大致经历了初创、发展、普及三个阶段。除了照明技术方面取得的巨大进步，城市夜景照明在照明质量上也经历了"由暗到亮""由亮到美""由美到雅"的发展历程。

随着社会经济的不断发展和人民生活水平的不断提高，人们的生活习惯也发生了很大变化，表现之一就是"夜生活"逐渐增多，随之而改变的是人们对城市夜景照明越来越强烈的需求。城市夜景照明作为城市规划和建设的一项重要内容，既能反映一座城市经济繁荣的程度，又可折射出城市的文化气质和文明程度。所以，让城市"亮起来"不仅成为人们普遍关注的社会话题，也越来越受到政府部门的重视。

1.北京城市夜景照明特色

北京城市夜景照明以建筑照明为点，重视对城市标志性建筑、传统建筑进行特色亮化；以道路照明为线，北京与西安同为古都型城市，道路以方格网布局为主，因此北京的夜景照明以天安门为中心，以长安街及其延长线和南北中轴线为重点，以4条环路和若干辐射性道路及沿线景观照明为基础框架，完美勾勒城市骨架，清晰体现城市格局；以区域照明为面，既注重营造景观，又考虑了城市整体的夜间形象。

■ 北京 奥林匹克中心

2.上海城市夜景照明特色

上海夜景照明是从20世纪80年代末开始，在几十年的发展中，上海的夜景一直是展示其城市形象的一张耀眼名片。2017年，上海第一部景观照明专项规划《上海市景观照明总体规划》横空出世，该规划明确提出"中国特色、世界领先"的夜景照明发展目标，"控制总量、优化存量、适度发展"的发展理念以及"一城多星"的夜景照明总体布局和"三带多点"的夜景景观框架。同时，规划对照明方式、亮度、色温等要素作出详细的控制要求，具体包括：外滩、南外滩以中低色温为主，用经典、稳重、温暖的暖黄色灯光承载上海的记忆和厚重历史，成为无可替代的永恒；世博会、北外滩、东外滩等地区以中间色温为主；小陆家嘴、徐汇滨江以清凉型的中高色温为主。站在外滩向东看，会看到以暖白光为基础的小陆家嘴充满现代气息的建筑群和以暖黄光为基础的外滩近代建筑群相映成趣。

■ 上海 陆家嘴金融贸易区

■ 广州 广州塔

3.广州城市夜景照明特色

广州是一座位于山海之间的城市，一山一水构成了广州的形态特征和城市格局，广州的夜景也依此进行了合理规划。用灯光解读出城市山水文化的特征，通过点、线、面结合的照明方式明晰城市的空间结构，同时注重各区域的夜景景观平衡发展，突出区域的特征，打造视觉焦点，当亮则亮，当暗则暗。在满足出行活动的基本心理需求的同时，提升了城市夜景形象的整体水平。

4. 重庆城市夜景照明特色

　　"不览夜景，未到重庆"，重庆是一座立体的城市，依山而建、临水而居，江、城、山连成一片，建筑结构又极具特色。随着城市发展，重庆的夜景闻名中外，其夜景照明突出了不夜城的特色，营造了明亮、典雅、动静相宜的立体山水夜景氛围。网红打卡点——洪崖洞景区更是重庆夜景的一张名片，一座座集合起来的吊脚楼，展现了重庆人与自然和谐相处的智慧，通过灯光的修饰，夜晚的洪崖洞宛如动漫中的场景，让游客有了想象的空间。重庆高辨识度的夜晚景观形象也极大地提升了当地旅游和夜间经济，成为典型的"夜游"城市。

■ 重庆 洪崖洞

5.青岛城市夜景照明特色

　　青岛夜景照明以"塑山海景观、展历史建筑、显城市肌理、创文化活动"为目标，继承"山海相依、欧韵风情"的传统风格，以浮山湾为核心，以海岸线和城市道路网为纽带，串联城市重要节点，重点对主要道路两侧的建筑物、重要的道路节点、立交桥、高架桥、海岸线、公园、广场、山体等进行夜间照明改善，构建光彩飘带、山水城港、星光璀璨的夜景照明格局。由商务中心区、五四广场和青岛市政府等组成的浮山湾核心区，通过夜晚的灯光将滨海风光与现代建筑完美地融合，同时勾勒出清晰的天际线。

■ 青岛 市南区中心区及海岸带片区

■ 美国纽约　布鲁克林大桥

6.纽约城市夜景照明特色

　　纽约被列为全球最漂亮的夜景城市之一。每当夜晚来临之际，纽约市的灯火点亮夜空，闪烁的城市灯光照亮了整个曼哈顿，整个大都会地区亮成一片，车水马龙、灯火通明的街道让纽约显得繁华而精彩。

　　纽约的摩天大楼对城市夜景起到了重要的作用，独具一格的亮化风格让它们在夜晚同样脱颖而出。尤其是摩天大楼的楼顶作为夜景的主要展现部分，采用LED灯光的变色效果，凸显出了城市的天际线。

■ 法国巴黎 埃菲尔铁塔

7.巴黎城市夜景照明特色

　　具有强烈的人文气息是巴黎城市照明的主要特点。"光点亮的应该是一个城市的灵魂，而不只是街道和夜空"作为巴黎城市夜景照明的核心理念，引导着巴黎的水域夜景，并凸显其环保特质，且建筑灯光不以斗艳为目的，更突出了和谐性。

　　用灯光诠释城市并解读文化。为了保存历史古迹，法国政府制定了许多规划，包括对历史遗迹的照明规划。这些规划主要是将原有的建筑物与现代化的照明设施相结合，既不损坏原始建筑物，又能让古建筑重焕光彩。巴黎道路照明也不是简单的灯光布置，作为城市管理的重要组成部分，每条道路的照明设计也充分考虑了周围的光照强度，在满足功能性的同时，做到互不干扰又各显风格。

8.里昂城市夜景照明特色

"通过夜景照明的手段和方法，使来到这里的人们从夜晚重新触摸到法国的历史、里昂的情怀。"这是里昂照明规划在起草时就明确提出的。里昂是法国的第二大城市，同时拥有世界"三大灯光节"之一的里昂灯光节，绚丽的夜景照明让其闻名于世。

里昂的灯光节是其发展夜间经济的策略之一，将光源与历史建筑、城市街道、山脉河流等融为一体，再加上实景表演秀和交互式装置的引用，让每个观众都能成为表演者，参与其中，获得乐趣，同时赋予这些装置生命。同时，用城市文脉点亮城市建筑，将自身独特的历史文化、城市发展理念通过光影技术投射在古建筑上，观众想到的不仅是与建筑融为一体的灯光，也是城市的文化内涵与精神内核，更是城市的气息与灵魂。从1852年灯光节开始举办，灯光技术也经历了从传统烛光到声、光、电结合，再到3D立体照明技术和全息投影技术的更新引用，不断创造惊喜，也持续带动着城市餐饮住宿和娱乐等行业的发展。

在运用技术手段提升夜景知名度与夜间经济指标的同时，里昂也特别重视城市照明的可持续发展。里昂市设立了城市照明局，倡导"小而灵"的节能理念，实行"绿色照明"规划，研究并监督城市生态型照明的可持续发展，以规避城市亮化工程所带来的负面影响。

■ 法国里昂 老城

■日本 东京塔

9.东京城市夜景照明特色

　　"一切设计都基于对行为方式的深入研究"，这是日本人对设计的基本态度，对城市夜景的打造也不例外。日本人追求的"负设计"指的是在满足需求的前提下最大限度地将能耗降到最低，在最低的能耗下做出效果最好的照明。

　　基于这样的设计认知，日本的照明设计对每一个细节都认真考虑。每一个灯都安得有道理，所以我们现在看到的日本夜景是明暗合理、光影有序、有主有次，又自然得恰到好处。

　　东京作为日本最大的城市，是其政治、经济中心。其城市整体色温较高，体现出现代感和科技感，同时高色温的光也显得城市更严谨有序。照明方式以内透为主，星星点点，使高楼密布的东京在夜间显出如星空般的宁静通透。以东京塔、晴空塔、彩虹桥、东京车站等地标建筑作重点照明，色温和照明方式都与其他建筑形成区别。这样的设计做到了主次分明，让整个城市显得更有空间感、层次感。

　　与此同时，东京市政府在其景观计划中要求，景观照明项目必须采用适当的亮度，以有效避免光污染。

通过对国内外优秀夜景城市案例研究分析，我们发现有的城市根据城市功能、新旧城区进行分片区夜景规划；有的城市重点把控城市架构，注重轴线打造；有的城市对城市照明进行详细指标控制管理，也有的城市对重点照明要素进行分项引导。

国内外知名城市夜景特色总结

	城市名称	北京	上海	广州	重庆	青岛
国内	特色总结	恢宏大气	风情万种	万家灯火	山城灯海	山海相依 欧韵风情
	城市名称	纽约	巴黎	里昂	东京	—
国外	特色总结	摩天灯塔 变幻莫测	新旧呼应 各显风姿	照亮历史 点亮生活	明暗合理 光影有序	—

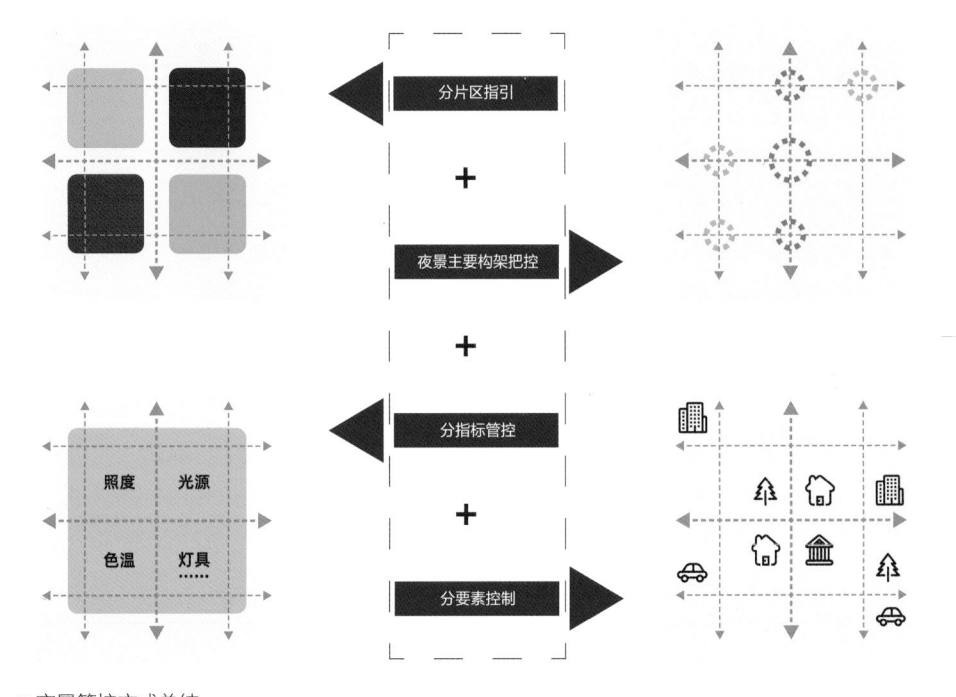

▩ 夜景管控方式总结

四、西安夜景照明发展思索

1.景观需求——结合西安城市特色塑造夜景

塑造西安的文化特色，应挖掘物质要素和非物质要素。物质要素包括地形地貌、生态植被、建筑物等构成城市的总体肌理；非物质要素有历史文化、宗教信仰以及民俗风情等。西安所蕴含的历史文化、地域风情更能够体现城市的特色文化内涵，是城市最为活跃的因素，具有更强大的生命力。因此在进行夜景照明设计时要结合西安的自然与文化特征，将西安的城市格局与城市内涵用灯光点亮，使得西安的城市特色在夜晚也能够得到凸显与发扬。

2.人文需求——结合市民活动需求打造夜景

西安市城市夜景照明规划不应该是单纯地对景观的提升及改造，应该以人为本，以市民生活需求为基础和目标，保证市民夜晚出行安全是最基本的夜景照明要求。在心理层面，城市夜晚景观对于丰富市民夜间休闲、提升市民城市荣誉感、增加市民生活幸福感具有积极作用。以夜景照明激活城市夜晚活力，以夜晚活力彰显城市人文特质，发扬一座城市的人文关怀，是城市与人和谐共生的有力表现。

3.经济需求——结合夜间经济发展夜景

西安在关中—天水经济区建设中占有中心地位，拥有着区域级的金融、商贸中心和交通、信息枢纽等优势，未来在经济发展方面拥有着政策性与地域性的优势。同时，西安作为中国最佳旅游目的地之一、国际形象最佳城市之一，拥有西安城墙、钟鼓楼、大唐芙蓉园、华清池、陕西历史博物馆及碑林等众多著名旅游景点，经过近几年夜景照明突飞猛进的发展，以及"西安年·最中国"系列活动的强大助力，西安上榜"全国十大暑期夜游人气城市"，夜间旅游发展迅速，夜间经济增量显著。西安未来的城市夜景照明发展应顺势而为，以丰富夜晚旅游产品、提升夜晚旅游品质为目标，来满足城市夜间经济迅速发展的需要。

■ 2019年 大雁塔北广场　　　　　■ 2019年 城区广场

第二章
西安夜景照明规划之路

西安城市特色提炼

西安夜景照明目标

西安夜景照明定位

西安夜景照明构想

■ 2019年 曲江新区

一、西安城市特色提炼

历史上，西安的城市格局曾多次成为规划建设的典范，特别是汉、唐长安城，在当时世界上只有欧洲的罗马城可与之媲美，其城市规划的思想影响到了远东地区的大部分国家。西安的城市发展融入了中国文化的精华，体现了东方独有的世界观、价值观，其城市建设与城市文化无不折射出中华民族乃至人类文明的进程。

现代的西安，是国家中心城市，是新一线城市，是"一带一路"创新创业之都，是引领新经济发展的全球硬科技之都，是代表中华优秀传统文化的世界文化之都，是世界旅游时尚之都，是现代生态宜居之都。

目前，西安城市特色主要表现在六个方面：一是"九宫格局，棋盘路网，轴线突出，一城多心"的城市空间特色；二是历史文化遗产保护和现代化建设有机结合的历史特色；三是秦风唐韵，具有包容精神的文脉特色；四是宏伟、严整、博大、古朴的建筑风格特色；五是"山水城市"的生态特色；六是以高新技术产业、现代装备制造业、旅游产业、文化产业、现代服务业五大优势产业构成的产业特色。

这其中，最为突出的特色就是她山水塬城的城市格局以及古代、现代文明交相辉映的文化特质。

二、西安夜景照明目标

以《西安市夜景照明设计导则》为指导，进行城市夜景照明建设，不断促进城市绿色照明发展，逐步实现照明科学管理，最终达到重塑西安夜景形象、提高市民生活质量、盘活城市夜间经济的目标，为西安创建具有历史文化特色的国际化大都市贡献力量。西安夜景照明目标的实现，创造了西安城市形象新名片；树立了中西部城市夜景照明标杆；打造了中国历史文化名城亮化典范。

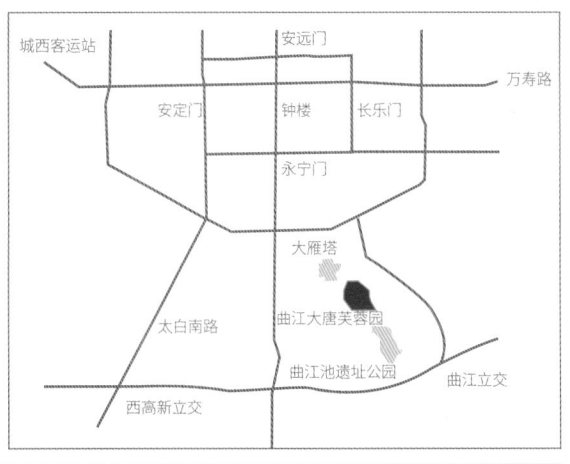

■ 2019年 大唐芙蓉园区位及夜景

三、西安夜景照明定位

西安吸取其他城市的宝贵经验，遵循展现地域特色景观、体现城市人文关怀、注重务实规划精神、坚持绿色环保照明等原则，以改善夜景形象、提高生活质量、拉动夜间经济、促进绿色照明、实现科学管理为规划目标，创造性地形成分层次、分类型、分时段、分指标的照明管控体系，并将西安城市夜景定位为：古韵流光，时代溢彩。

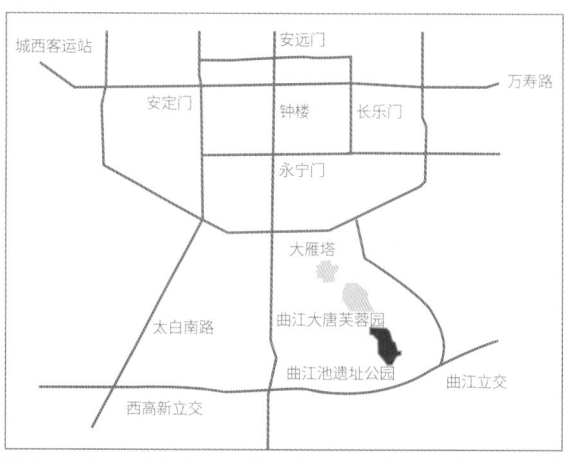

■ 2018年 曲江池遗址公园区位及W酒店

四、西安夜景照明构想

宏观定格局，中观提要求，微观定指标。通过宏观层面对照明总体格局的把控，依据中观、微观具体区域、元素的细节要求，对城市夜景照明提出分类型、分层次的控制体系。

西安夜景照明控制体系

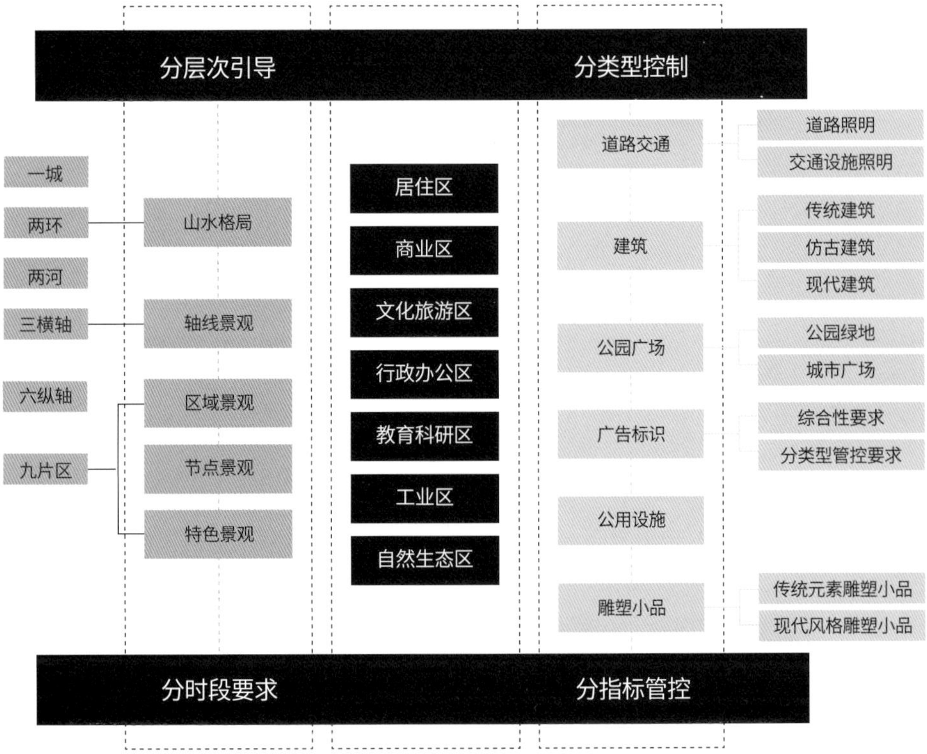

1.宏观层面

通过夜景照明系统构建城市夜景骨架，突出城市轮廓、自然山水格局、棋盘路网、多中心多组团等宏观区域要素，增强夜晚从空中俯瞰西安的可识别度。

具体元素包括：

（1）自然山水类：秦岭、八水城市段、环山路旅游带；

（2）道路骨架类：城市主要路网骨架，对外交通骨架，城市重要东西、南北轴线骨架，机场高铁站等区域交通枢纽；

（3）重点片区类：重要商圈、夜间旅游节点、城市重要标志区域等。

2.中观层面

以体现西安城市特色、文化特质，西安夜景照明整体性、协调性、层次性为目的，划定城市重点夜景照明区域，提出控制要求，具体控制"一二二三六九"夜景照明元素，控制照明风格与氛围。

景观照明重点控制要求

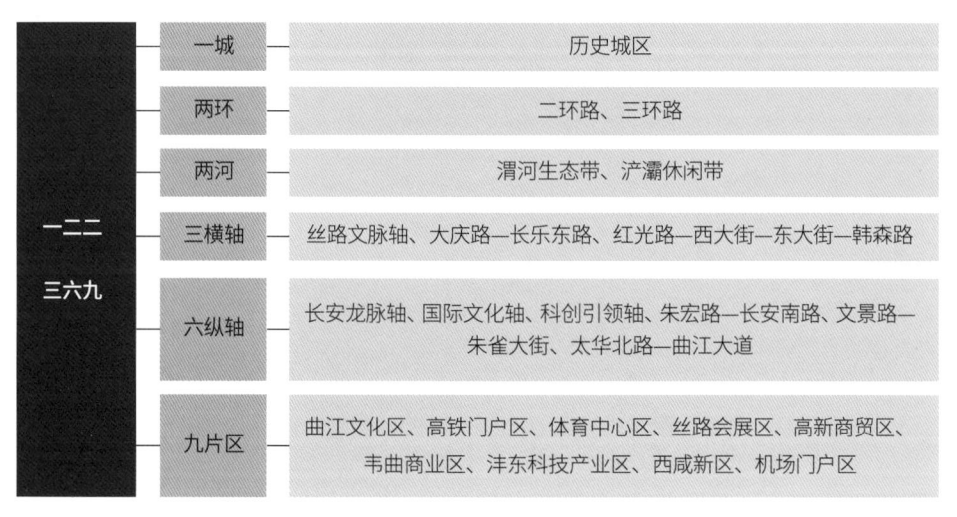

	一城	历史城区
一二二 **三六九**	两环	二环路、三环路
	两河	渭河生态带、浐灞休闲带
	三横轴	丝路文脉轴、大庆路—长乐东路、红光路—西大街—东大街—韩森路
	六纵轴	长安龙脉轴、国际文化轴、科创引领轴、朱宏路—长安南路、文景路—朱雀大街、太华北路—曲江大道
	九片区	曲江文化区、高铁门户区、体育中心区、丝路会展区、高新商贸区、韦曲商业区、沣东科技产业区、西咸新区、机场门户区

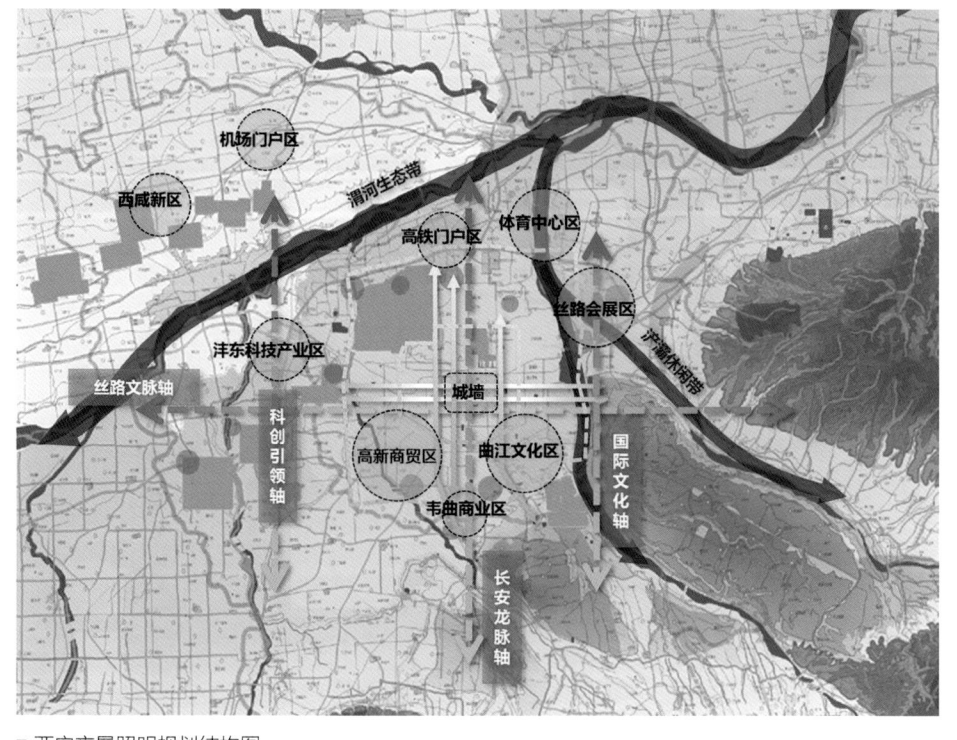

■ 西安夜景照明规划结构图

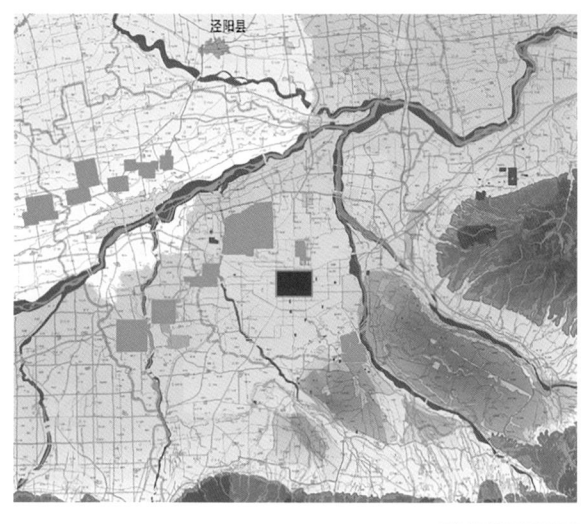

一城：
历史城区

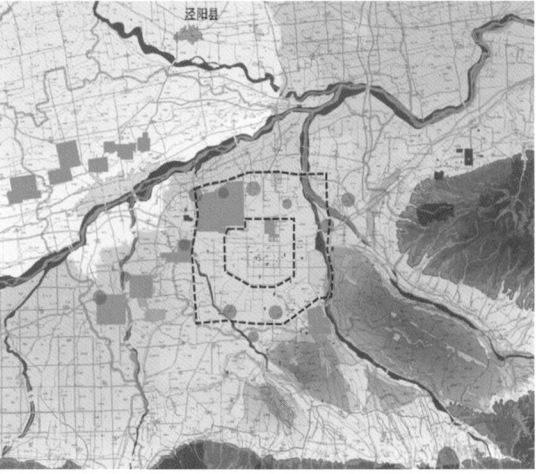

两环：
二环路
三环路

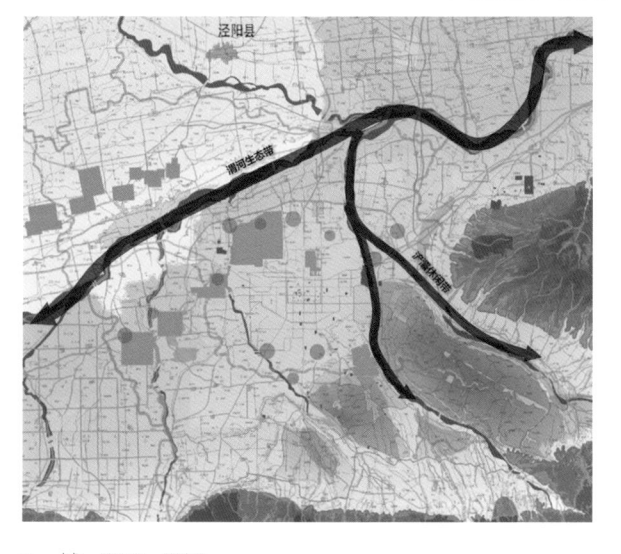

两河：
渭河生态带
浐灞休闲带

■ 一城、两环、两河

三横轴：
丝路文脉轴
大庆路—长乐东路
红光路—西大街—东大街—韩森路

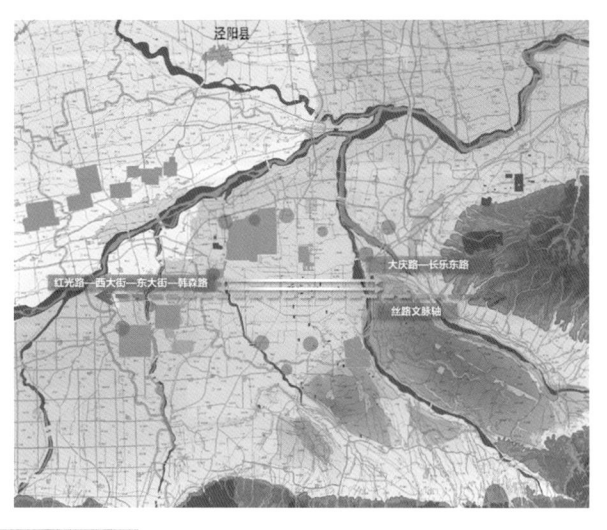

六纵轴：
长安龙脉轴
国际文化轴
科创引领轴
朱宏路—长安南路
文景路—朱雀大街
太华北路—曲江大道

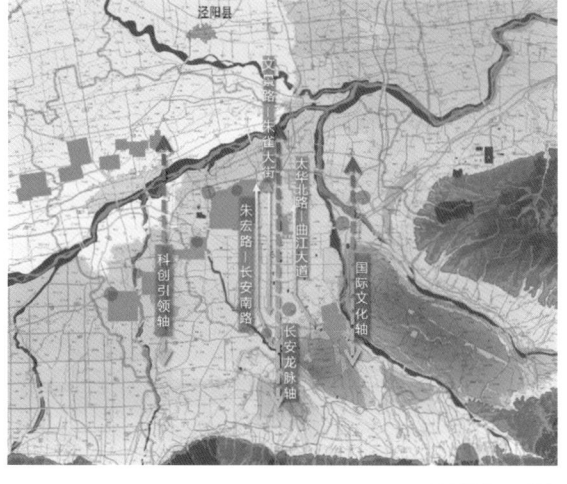

九片区：
曲江文化区
高铁门户区
体育中心区
丝路会展区
高新商贸区
韦曲商业区
沣东科技产业区
西咸新区
机场门户区

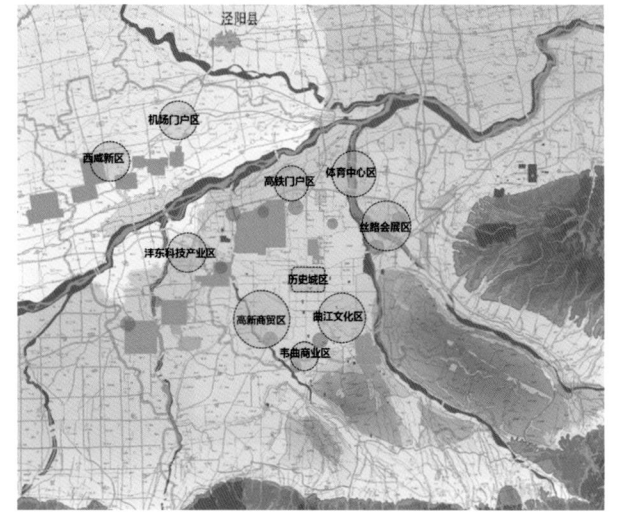

■ 三横轴、六纵轴、九片区

3.微观层面

（1）照明分区

结合城市不同区域具体使用功能，通过夜景照明对其城市夜晚氛围进行整体打造。以人为本，从不同功能区实际照明要求出发，突出重点、注重节能。对不同区域提出照明总体要求、照明时段要求、禁止性要求。让城市夜景有重点、有层次、有主题、有功能。

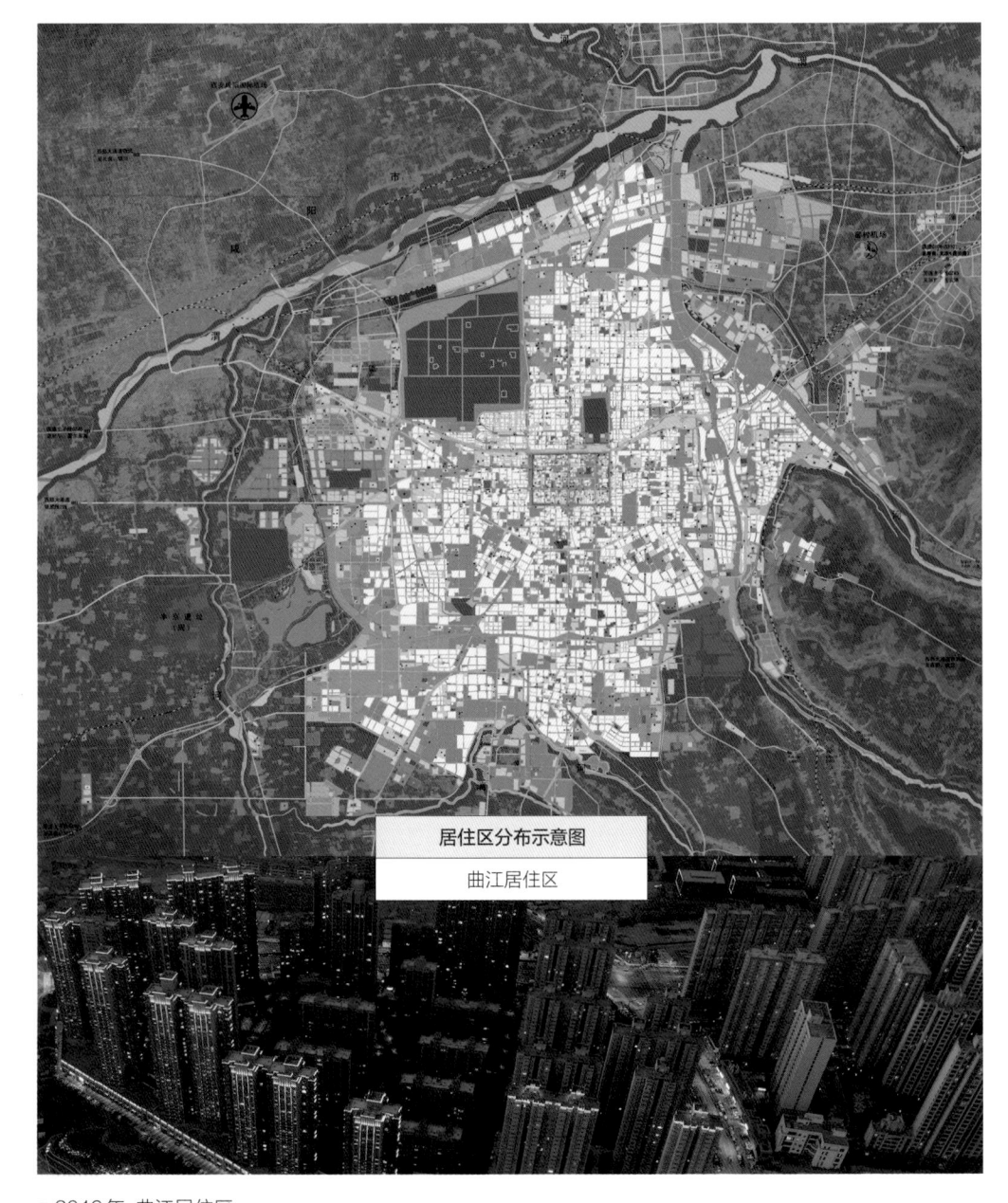

居住区分布示意图

曲江居住区

■ 2019年 曲江居住区

行政办公区分布示意图

西安市政府办公楼

■ 2019年 西安市政府办公楼

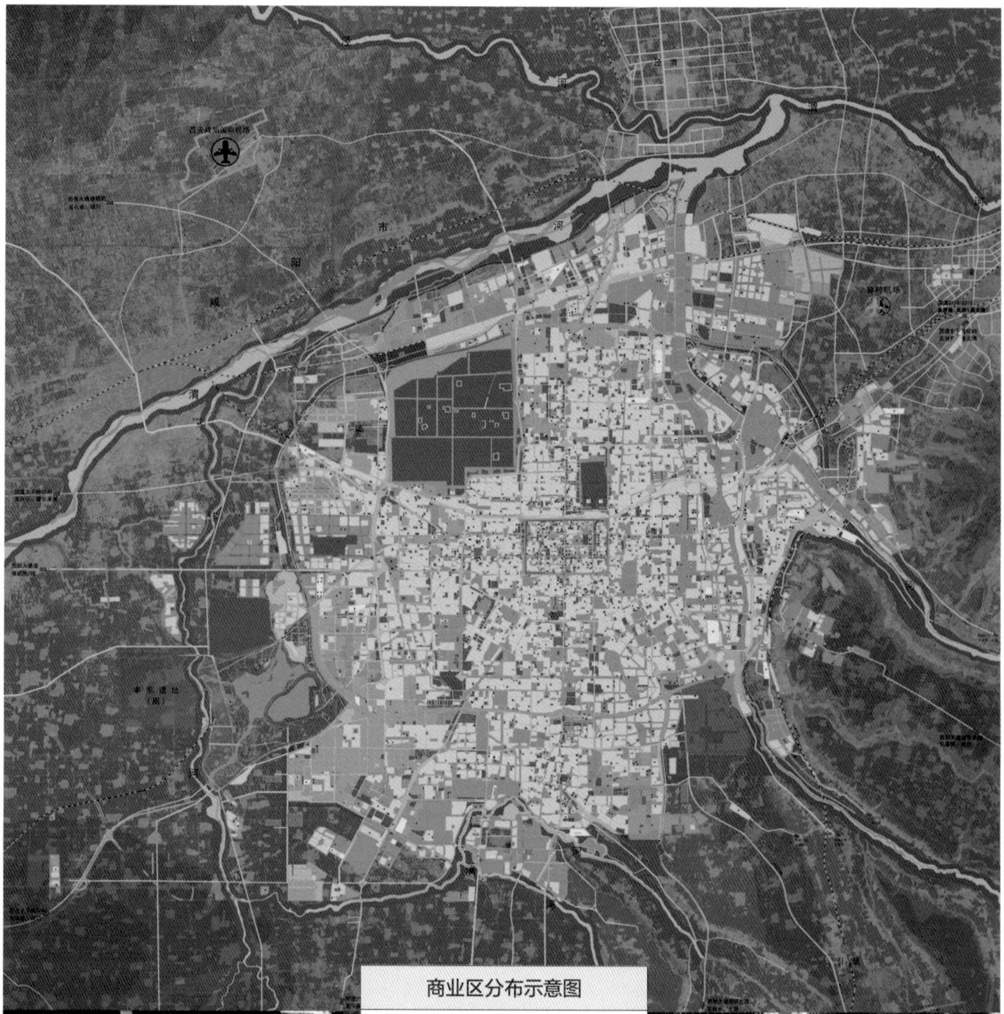

商业区分布示意图

曲江创意谷

■ 2019年 曲江创意谷

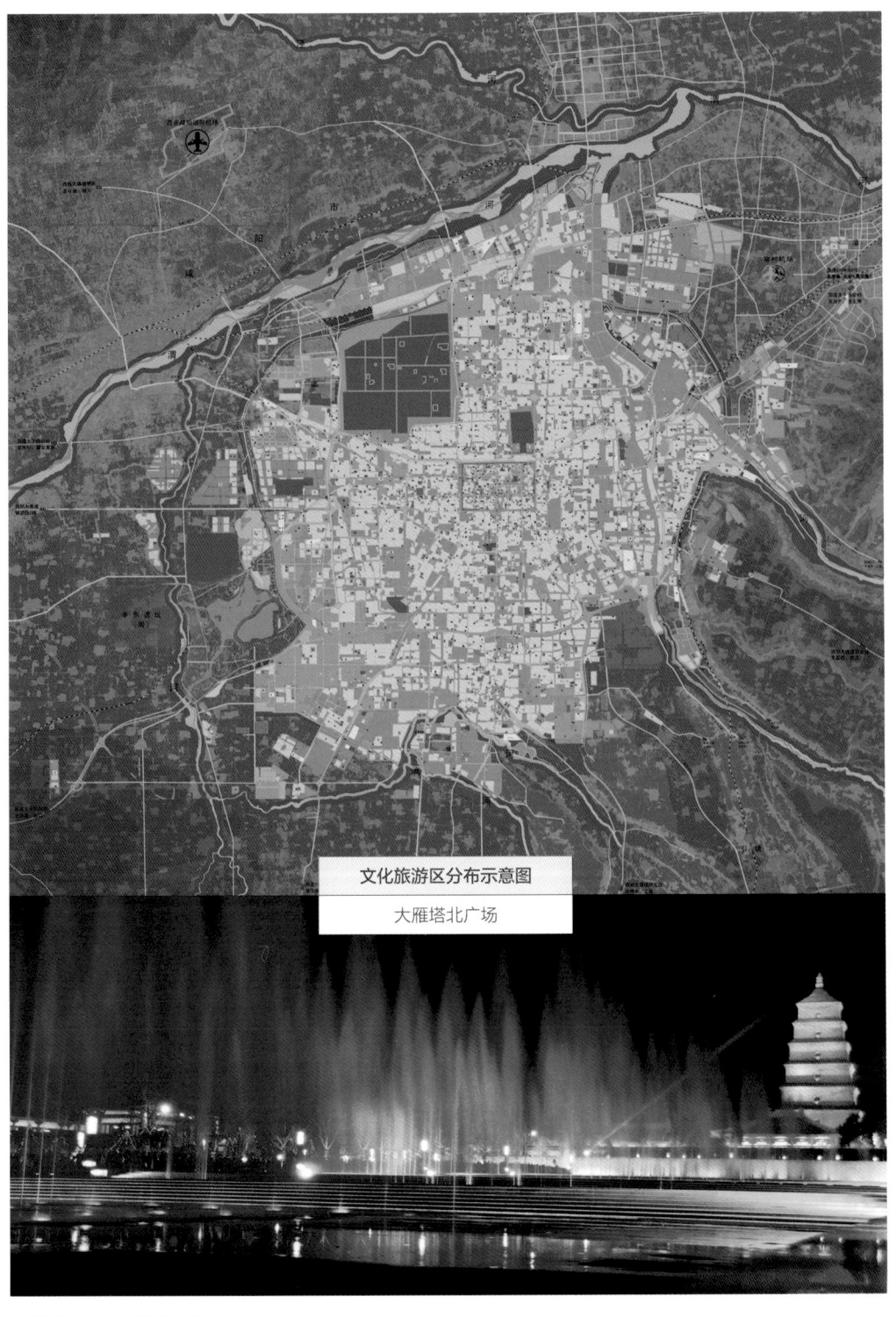

文化旅游区分布示意图

大雁塔北广场

■ 2018年 大雁塔北广场

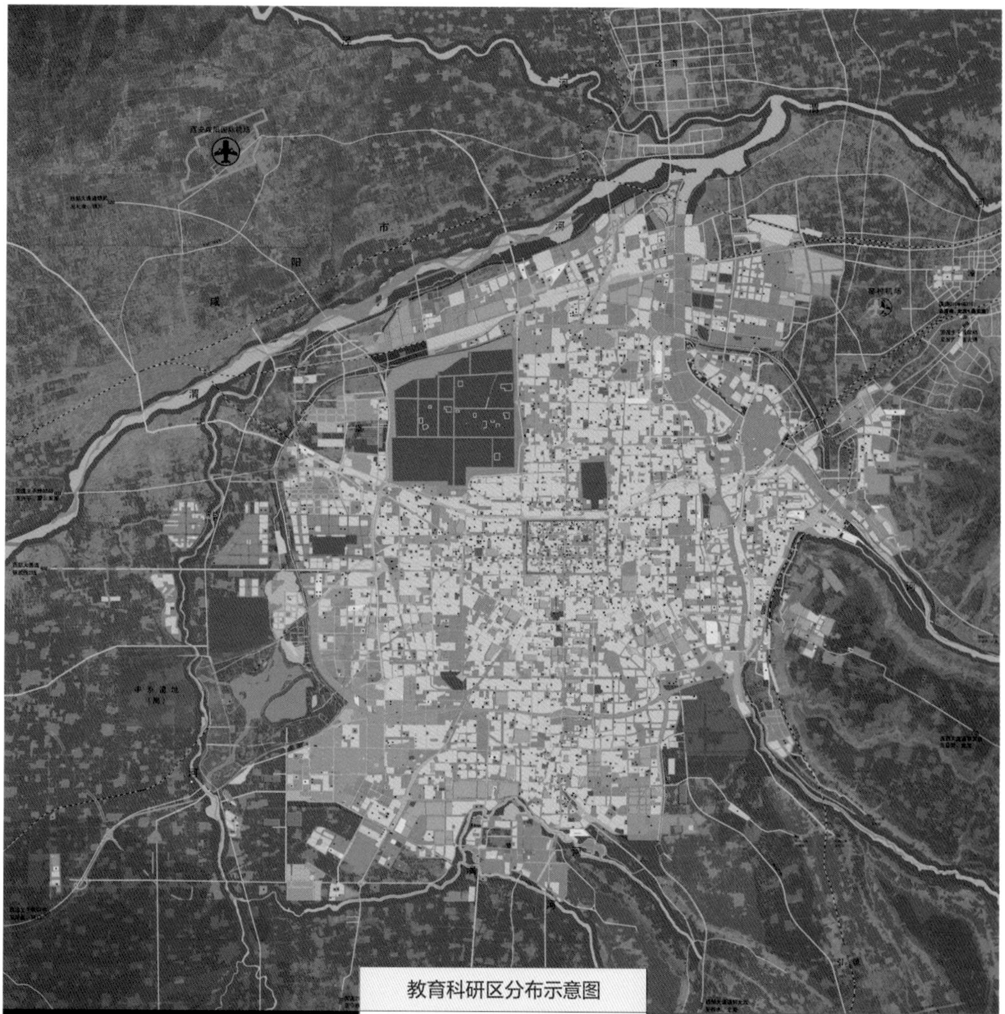

教育科研区分布示意图

西安工程大学

■ 2019年 西安工程大学

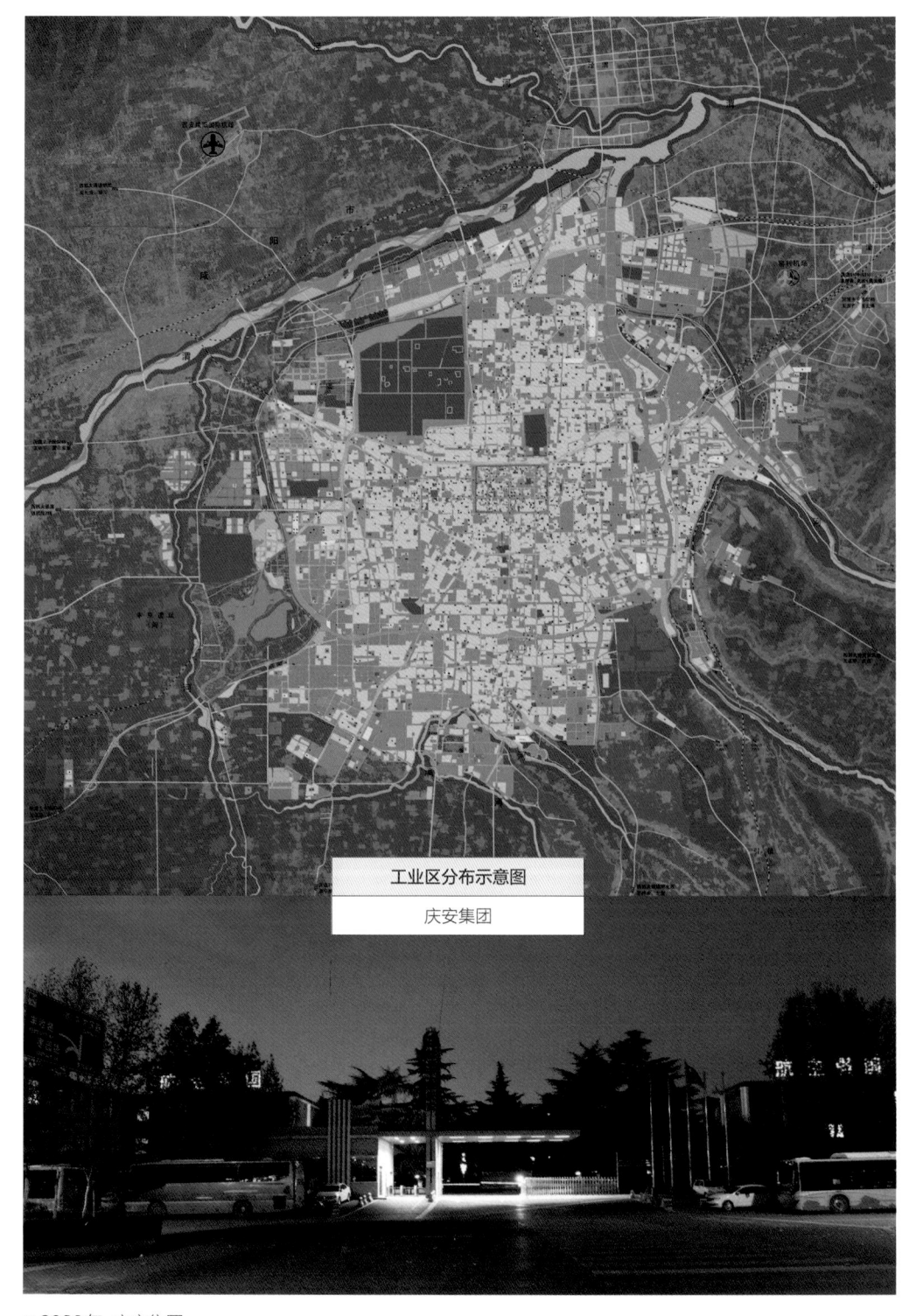

工业区分布示意图

庆安集团

■ 2020年 庆安集团

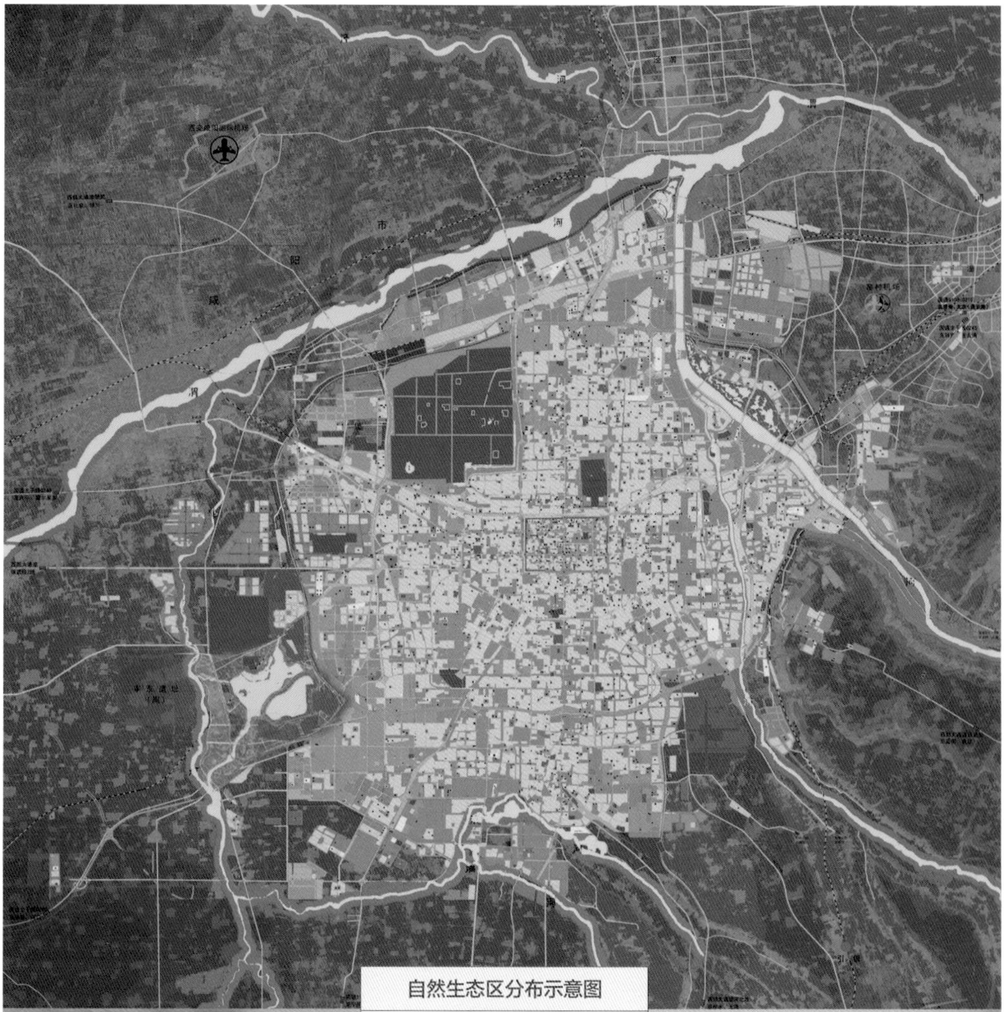

自然生态区分布示意图

世博园景区

■ 2018年 世博园景区

（2）照明要素

通过对夜景六大照明要素细则的控制，达到对全市建筑景观、公共设施的统一照明管理。结合《西安市城市设计导则》《中心城区色彩管控实施导则》中对各个区域建筑、景观、公共设施、附属小品的设计要求，对各照明载体提出夜景照明引导要求，从照明类型、光源选择、亮度、色温等方面进行规范。

对建筑、绿地广场按照不同类别、功能主题，进行重点控制。

城市夜景照明要素

道路交通要素	道路照明	
	交通设施	城市桥梁（立交桥）
		人行天桥
		停车场
		地铁站点
城市建筑要素	传统建筑	
	仿古建筑	
	现代建筑	居住建筑
		商业建筑
		文化旅游建筑
		教育科研建筑
		行政办公建筑
		医疗建筑
		工业建筑
公园广场要素	公园绿地	
	城市广场	
公用设施要素		
广告标识要素	建（构）筑物上的广告标识	
	地面上的广告标识	
	公共设施上的广告标识	
	新型广告标识	
雕塑小品要素	传统元素雕塑小品	
	现代风格雕塑小品	

第三章
西安夜景照明实现之路

山水西安·夜景勾勒城市格局——宏观定格局

文化西安·夜景串联城市文脉——中观定风貌

品质西安·夜景描绘城市细部——微观提要求

一、山水西安·夜景勾勒城市格局——宏观定格局

1.山水格局

现代城市的快速发展以及日新月异的现代化建设带来了城市景观风貌不可避免的趋同态势，但城市的山水格局、生态脉络是大自然赐予城市的"胎记"，是一座城市有别于其他城市的最本真的模样。夜幕降临，华灯初上，被点亮的山水轮廓和宏观格局，是一座城市在茫茫夜色中最特别的标识。因此，西安城市夜景照明首先要打造的就是其宏观夜色格局，塑造属于西安的夜晚可识别度。

夜景照明要求：

在保持山水河湖景观自然形态的前提下，选择恰当的照明对象元素塑造夜晚景观，体现自然环境的独有形态。

突出城市标志性生态要素，如环山路、河流城市段、湿地公园、遗址公园等的景观照明，采用现代节能照明手段，局部可结合重要节点（如河面桥梁、广场节点等）适当运用动态彩光，在夜晚体现城市宏观山水格局。

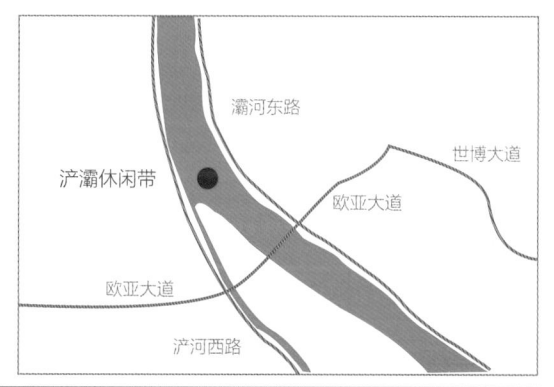

■ 2019年 浐灞休闲带区位及夜景

2.城市骨架

西安中心城区的城市骨架延续了唐长安城方格路网、轴线对称的历史格局，城市道路大多横平竖直，几条重要轴线贯穿城市南北、东西。随着现代城市发展和二环、三环、绕城高速以及对外交通的修建，西安的城市骨架形成了"棋盘路网＋环线＋放射"的空间格局，其间穿插着水系、大遗址、城市大型综合公园，具有较强的可识别性。

■ 西安城市路网架构

夜景照明要求：

凸显城市整体路网格局，将城市轮廓清晰勾勒，直观体现城市形态、规模。将城市中次要的、附属的部分融合起来，作为底色；着重强调城市最主要、最精髓的部分，让这些部分亮起来，使城市结构凸显出来，易于识别，既有方位感又富有层次感与立体感。

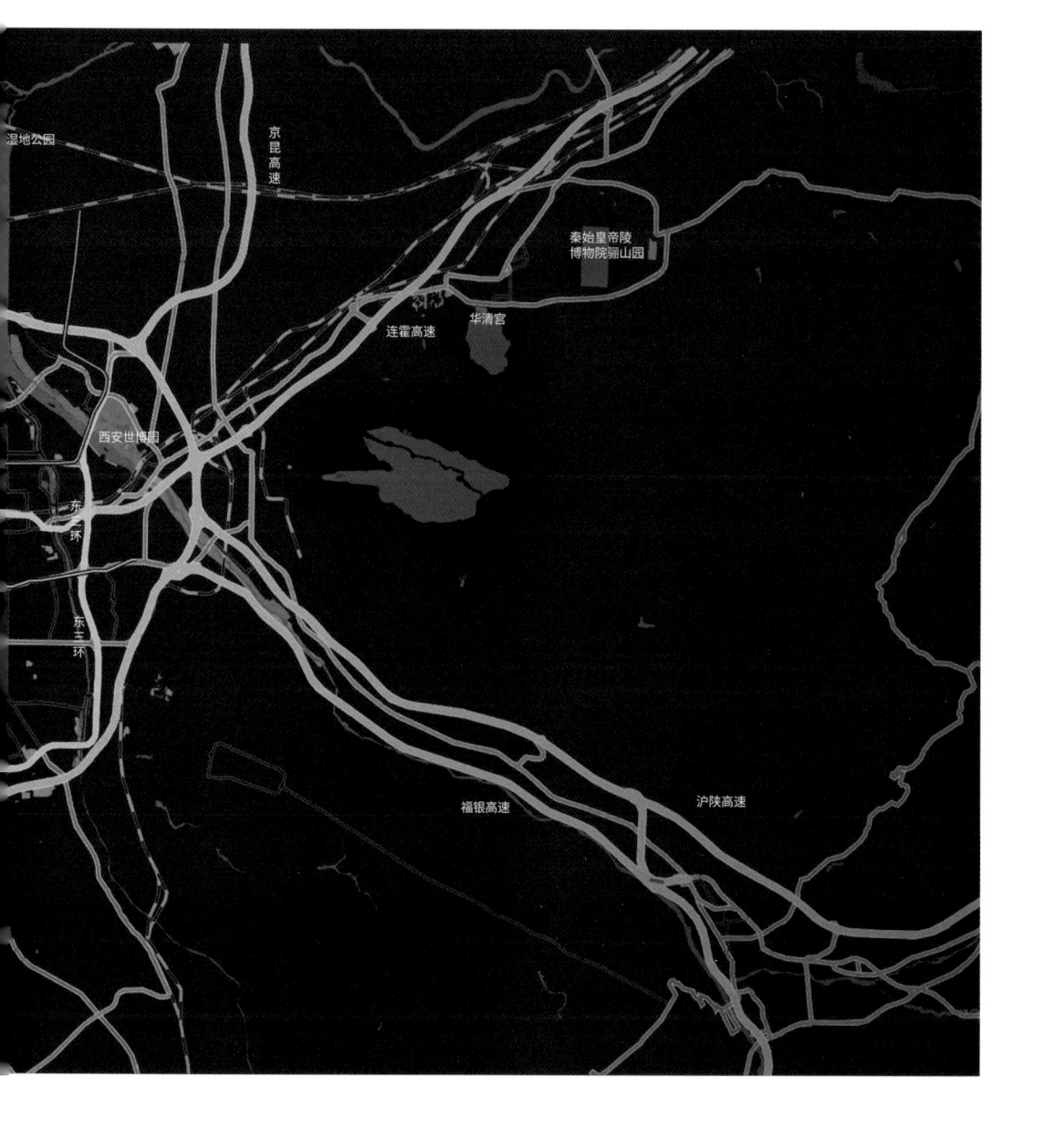

二、文化西安·夜景串联城市文脉——中观定风貌

中观层面是对城市夜景照明重点区域的整体把控，突出城市夜景的层次感与差异性，增强区域间照明的协调性与连贯性。以各区域的功能特性为基础进行夜景亮化控制，提出照明总体要求及禁止性要求；同时深挖区域文化特性，注重用夜景准确营造文化氛围，让西安夜景呈现有文化、有主题、有重点、有层次的鲜明特色。

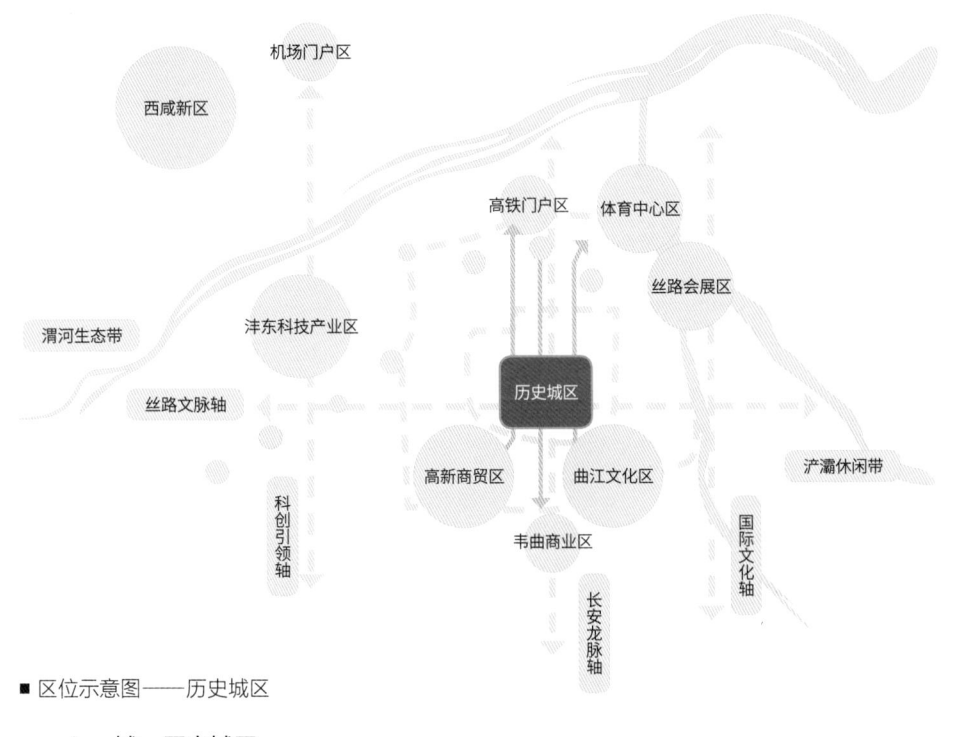

■ 区位示意图——历史城区

1. 一城：历史城区

夜景照明要求：

城墙——景观照明应从整体性出发，视觉界面应连续。重点表现城楼、门洞、垛口等部位，强调体量感，色温以暖色为主，非重大节庆需要，慎用彩光。

节点改造要点

技术分析	改造前问题	城墙本体照明色彩过于突兀；周边缺乏整体照明设计；未突出水面景观元素，存在不安全因素
	改造重点	增加水体照明、景观照明；加强区域夜景景观协调
	技术手段	调整照明光源色相及饱和度；利用带状光源勾勒水体形态；对绿植、小品进行功能性照明；重要节点增加灯光表演功能
	改造效果	运用最新照明技术，突出体现了古韵与现代风采；增加护城河面的夜景照明，水面的加入为硬朗的城墙增添了柔和的视觉体验；整体色调的调整，使之与城墙的颜色更加协调，提升高级感

环城公园——着重体现城墙的亲民感及休闲性。应注重人行空间的照明品质，避免光干扰，对驳岸进行适当照明，禁止剧烈动态的彩光变化，保证以城墙为视觉中心载体。

顺城巷——应注重传统商业氛围的营造，对具有传统风貌的建筑元素进行适当照明，色温以暖色为主。

■ 2016年 城墙环城公园景区夜景

■ 2019年 城墙环城公园景区夜景

■ 2019年 城墙环城公园景区文昌门段

2.两环：二环路、三环路沿线

夜景照明要求：

丰富、大气、现代。

两侧建筑——选择道路两侧的标志性建筑进行重点景观照明，突出表现建筑顶部，以形成夜间天际线。色温宜结合沿线建筑功能属性统一选择，亮度水平应高于其他路段。

重要桥体——根据桥体本身结构特征，针对桥体不同部位形成合理化照明方案，形式简洁、整体把控，可适当突出所属区域文化特征。桥梁夜景照明的亮度、色温以及产生的闪烁、动态、阴影等效果不应干扰车辆行驶。

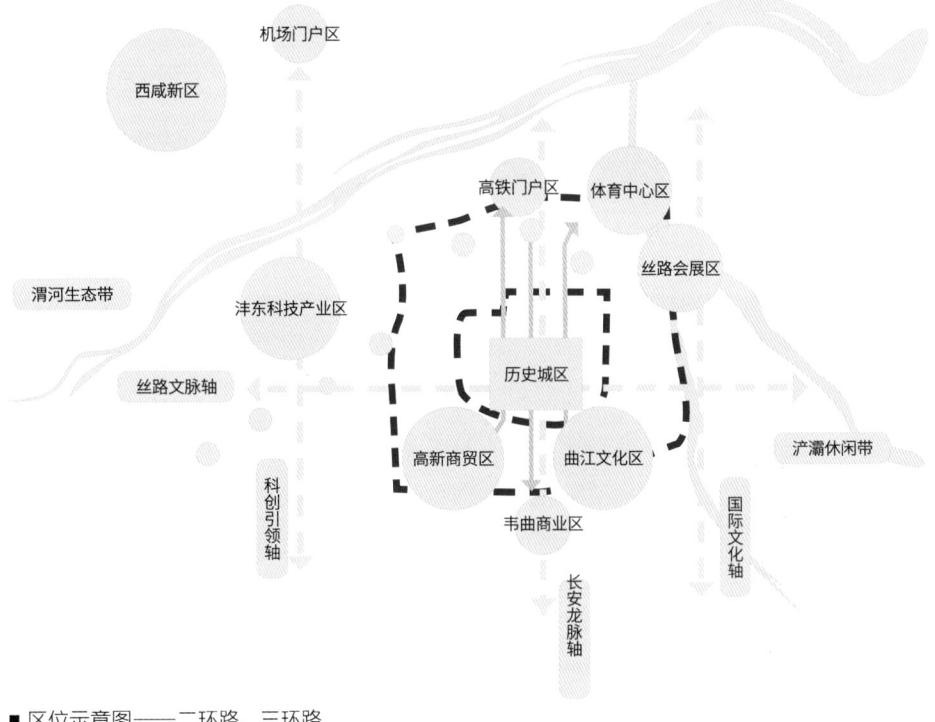

■ 区位示意图——二环路、三环路

节点改造要点

技术分析	改造前问题	道路照明过于突兀，与周边城市景观未能良好融合；绿化带没有基础照明，对行车造成一定困难
	改造重点	道路绿化带、人行道夜景景观协调
	技术手段	调整绿化带内绿植景观照明；调整道路与周边建筑照明色彩
	改造示例	利用照明提升城市干道夜晚景观性与安全性；整体协调道路与周边城市区域

■ 2019年 西部国际广场由东向西　　　　　　　■ 2019年 西安南二环西段

■ 2019年 东三环半坡立交

■ 2019年 南三环曲江立交

3. 两河：渭河生态带、浐灞休闲带

夜景照明要求：

依托自然水系，体现自然环境独有形态，突出自然、生态、休闲特色。

自然水体照明——以勾勒水体轮廓为主，辅以岸边的景物以突出水体的存在和景观亮化的设计效果，增强水岸安全，为"夜跑族"提供安全的休闲场所。

周边建设量少区域——保证其功能性照明，水体照明主要为轮廓照明，勾勒水体轮廓。

周边建设量大区域——在保证功能照度的基础上，以近水照明与临水照明相结合的方法，通过沿岸建（构）筑物和街道等自身照明，以及水体上的桥体、堤岸上的植物、栏杆、雕塑等照明，在水中形成动态有规律的倒影，形成水体照明。

人员活动聚集区域——可适当结合喷泉、水幕增设光表演、光雕塑作品，丰富自然水体照明类型。

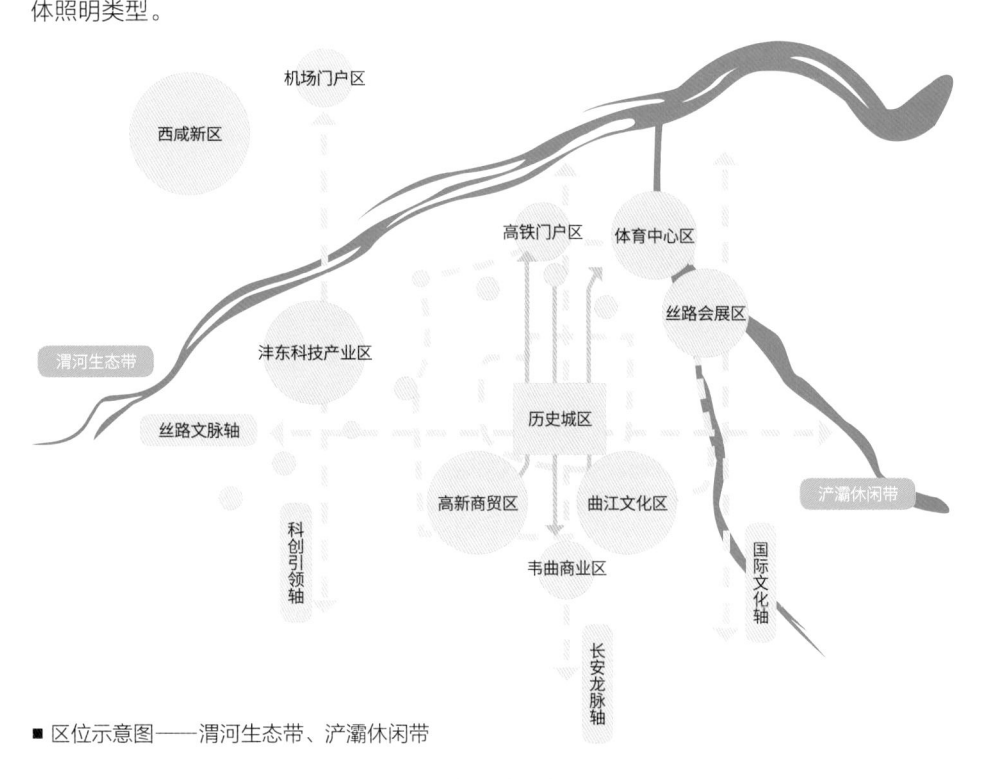

■ 区位示意图——渭河生态带、浐灞休闲带

节点改造要点

技术分析	改造前问题	河岸与周边照明缺乏协调，反差过大；水边基础照明缺失，存在安全隐患
	改造重点	水体轮廓照明；水岸绿植照明；滨水步道照明
	技术手段	调整水岸与周边城市道路光源色相及饱和度；利用光带勾勒水体形态；对绿植、步道进行功能性照明
	改造示例——浐灞休闲带	利用节能灯具，突出水体水岸景观，增加滨水景观性与安全性；突出城市夜景结构的水体要素，彰显城市特色

■ 2019年 浐灞休闲带

■ 2019年 浐灞休闲带广运大桥

4.三横轴：丝路文脉轴、大庆路—长乐东路、红光路—西大街—东大街—韩森路

夜景照明要求：

节奏控制——通过对建筑照明的色温及亮度进行划分控制，突出历史性建筑，控制街区视觉核心，使轴线具有整体的节奏感、秩序感。针对轴线上的建筑，分段落、分区域进行主题性景观照明。

凸显轴线——对行道树进行照明，增加轴线的视觉连续性。

层次分明——根据季节变化，在空间亮度上进行控制。夏季：行道树及道路绿化茂密，可增强行道树的夜间照明。冬季：视线较为通透，可提高建筑中部的亮度水平。

增强特色——传统商业街区应在夜间照明中增强传统街道特色。用统一的符号增强区域的识别性。

■ 区位示意图——三横轴

节点改造要点

技术分析	改造前问题	道路与周边建筑缺乏统一设计；人行道照明缺失
	改造重点	道路两侧建筑及小品设施照明；人行道绿化及路灯
	技术手段	整体协调道路及两侧光源色相及饱和度；对绿植、小品进行功能性照明
	改造示例 ——西大街	使城市道路与周边建筑形成有机整体；增强步行空间夜景品质

■ 2019年 西大街

■ 2019年 环城南路

5.六纵轴：长安龙脉轴、国际文化轴、科创引领轴、朱宏路—长安南路、文景路—朱雀大街、太华北路—曲江大道

夜景照明要求：

凸显轴线——对轴线道路、绿化进行重点亮化，将重要节点通过夜景照明有韵律地串联。

分段规划——在轴线上体现不同区段的主题变换。历史文化区段色温以暖色为主，谨慎运用动态彩光；现代商业及科创区段色温以中间色为主。

特色鲜明——对具有仿古建筑形式的屋顶及建筑构件可进行重点照明。对现代超高层建筑屋顶进行重点照明，注重单体建筑的可识别性。提炼能够代表街区文化特色的照明符号应用于道旗、店招等部分，增强区域的识别性。

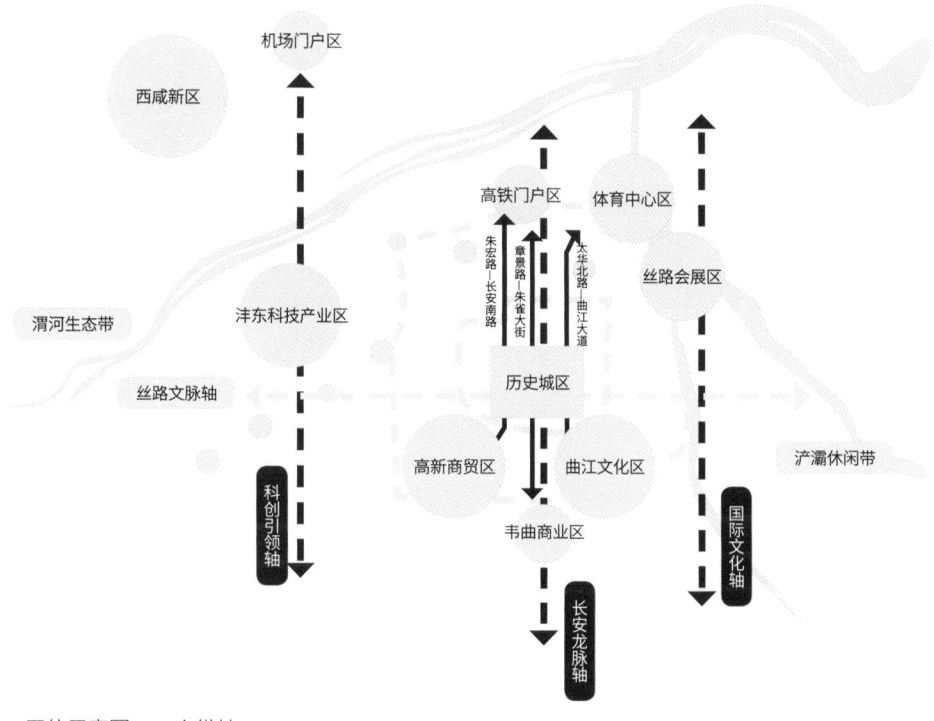

■ 区位示意图——六纵轴

节点改造要点

技术分析	改造前问题	道路与建筑缺乏夜间景观统一；道路照明色彩过于突兀；周边建筑色彩过于鲜艳
	改造重点	协调道路与建筑夜景照明；统一周边建筑照明色彩效果
	技术手段	协调照明光源亮度及饱和度；统一设计道路与建筑夜景效果
	改造示例——朱雀大街	道路照明在满足功能性要求的前提下，色彩柔和、协调，周边建筑照明统一设计，提升高级感

重点突出——对重点建筑应增设景观照明，包括北广济街、小雁塔、西安博物院、大兴善寺等，其他区域照明等级相应降低。绿化照明应避免在人的观赏视角上产生眩光和对环境产生光污染；考虑树木叶状形态的季节变化。

现以重点轴线长安龙脉轴、国际文化轴、科创引领轴为例展示如下。

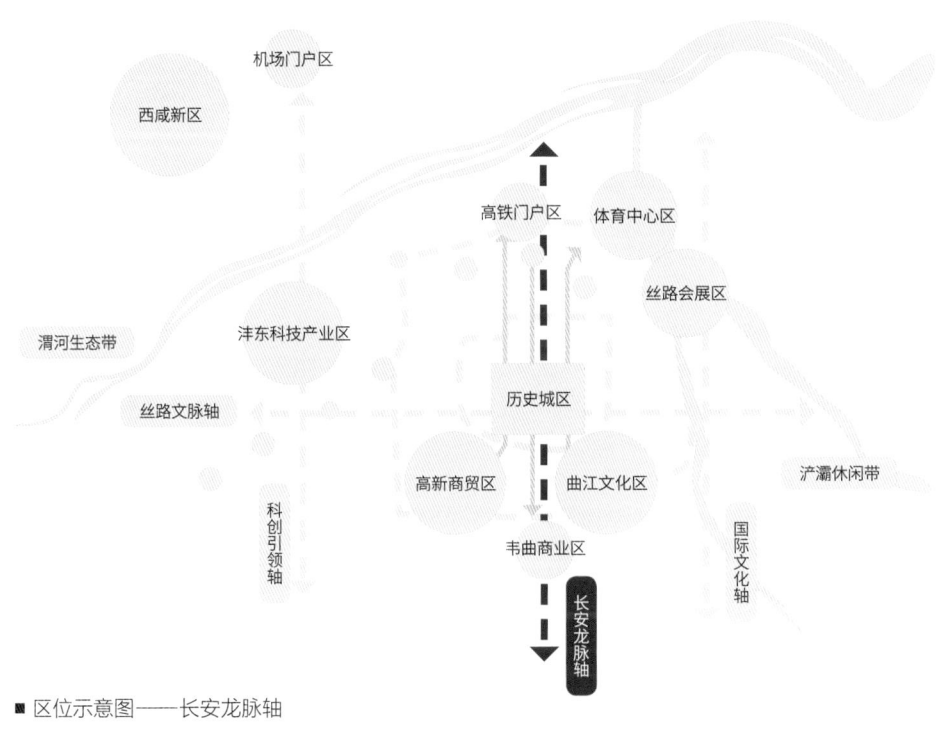

■ 区位示意图——长安龙脉轴

■ 2019年 永宁门至安远门沿线

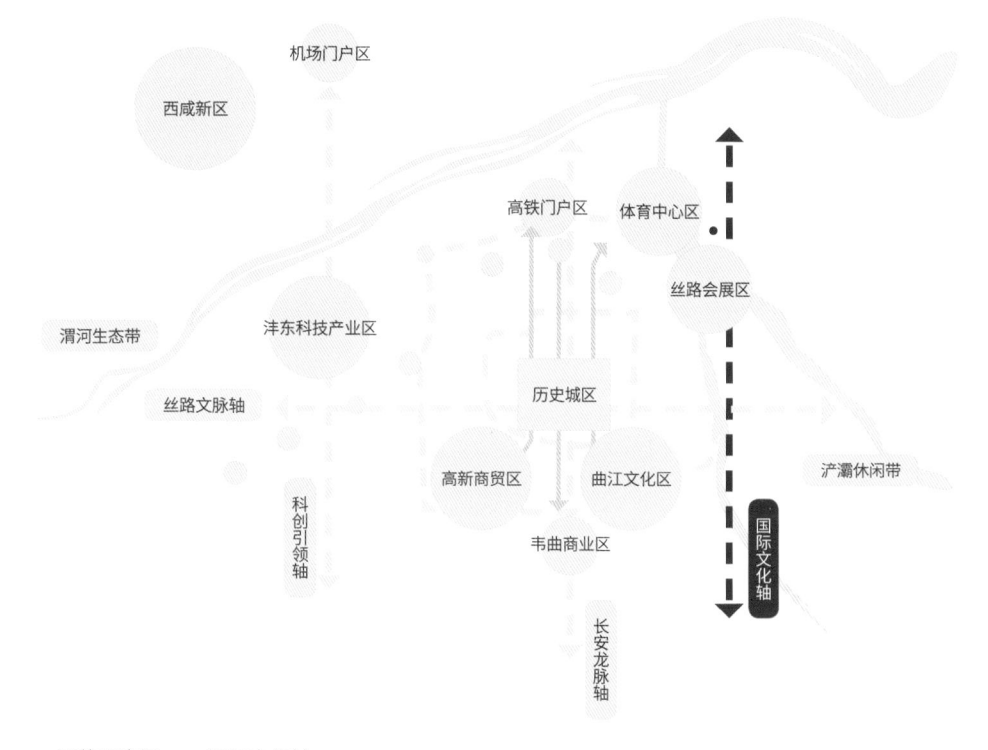

机场门户区

西咸新区

高铁门户区　体育中心区

丝路会展区

渭河生态带　沣东科技产业区

丝路文脉轴　历史城区

浐灞休闲带

科创引领轴　高新商贸区　曲江文化区

韦曲商业区

国际文化轴

长安龙脉轴

■ 区位示意图——国际文化轴

■ 2019年 灞河沿岸

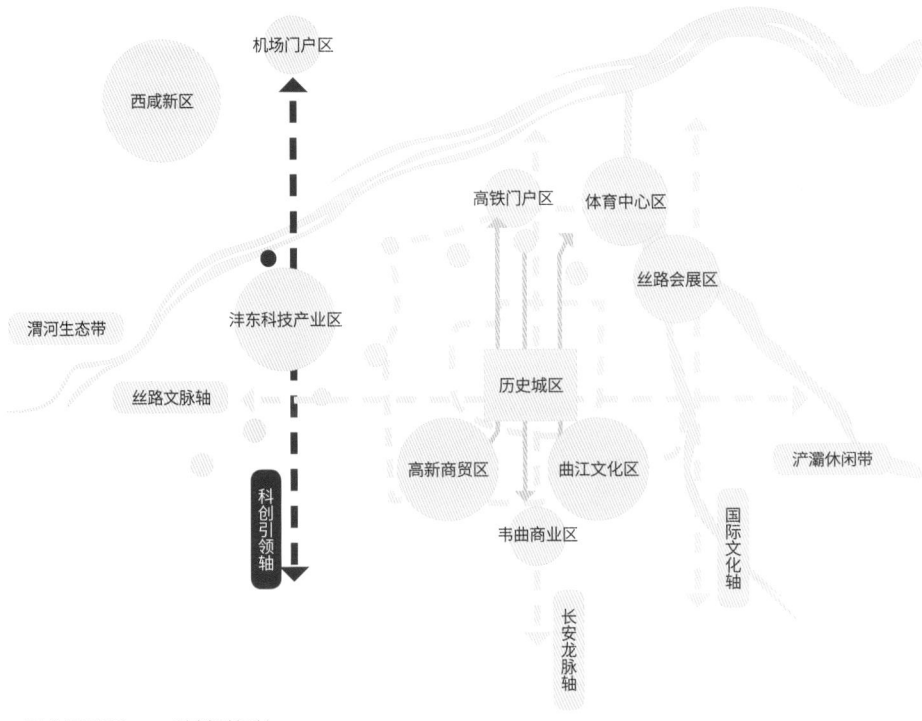

机场门户区

西咸新区

高铁门户区　体育中心区

丝路会展区

渭河生态带

沣东科技产业区

丝路文脉轴

历史城区

科创引领轴

高新商贸区　曲江文化区

浐灞休闲带

韦曲商业区

国际文化轴

长安龙脉轴

■ 区位示意图——科创引领轴

■ 2019年 机场路

6.九片区：曲江文化区、高铁门户区、体育中心区、丝路会展区、高新商贸区、韦曲商业区、沣东科技产业区、西咸新区、机场门户区

夜景照明要求：

做到"一区一品"，对不同类型片区结合其特色打造不同照明风格。

a.门户类片区设置西安城市元素照明小品，增强可识别性；

b.文化类片区凸显古都文化氛围，着重突出历史文化建筑及街区仿古元素照明；

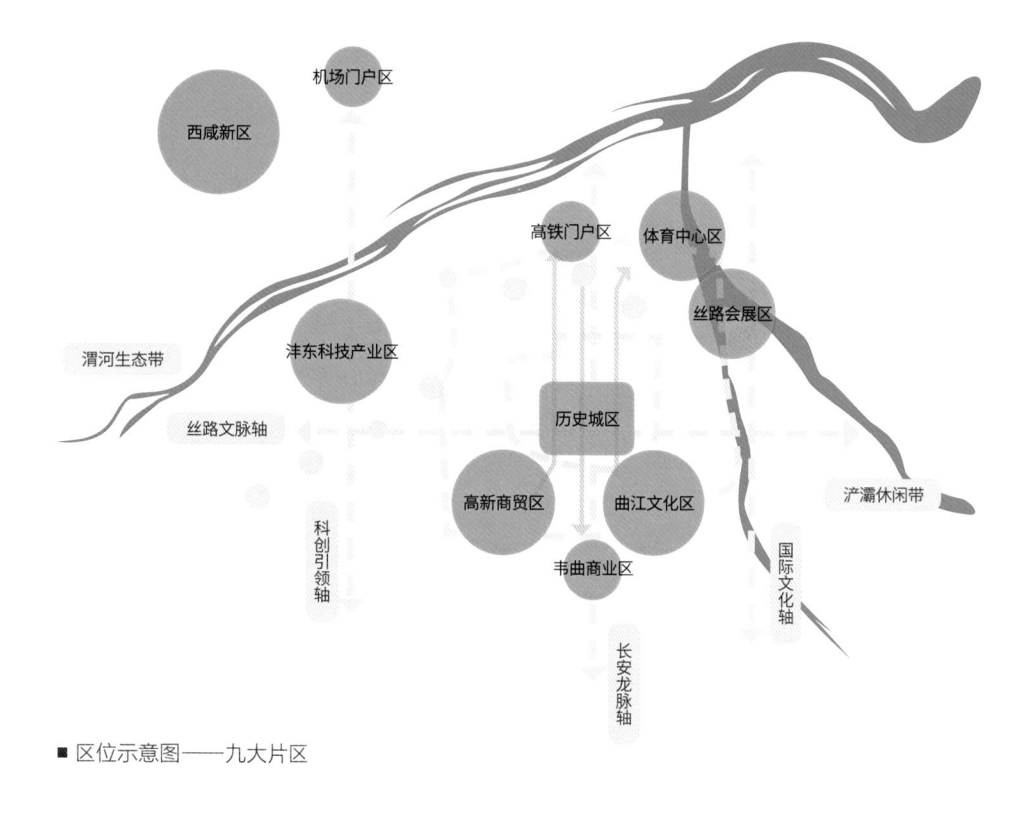

■ 区位示意图——九大片区

节点改造要点

技术分析	改造前问题	建筑点亮缺乏整体设计，缺乏美感；部分片区基本无亮化；道路照明色彩突兀
	改造重点	片区需进行整体亮化设计；协调色彩，统一风格；不同类型片区有不同改造要求
	技术手段	对应相应功能片区特点，提出风格鲜明的照明方式，比如现代商业区需运用多元、新型照明方式，凸显时尚、活跃的整体氛围
	改造示例——锦业路周边区域	突出商务办公片区的现代化特点，照明方式丰富多样，色彩饱和度高，片区内形成统一风格的夜景景观

c.商业类片区对沿街的商业建筑底部、立面进行重点照明，鼓励采用多元化、新型的照明方式，营造时尚、活跃、热烈的照明主题氛围；

d.科技产业类片区应统一考虑建筑照明风格，可选取代表性结构载体进行景观性照明形成统一视觉元素，照明手法可相似，色温应相互协调。

现以重点片区曲江文化区、丝路会展区、体育中心区、高铁门户区及高新商贸区为例展示如下。

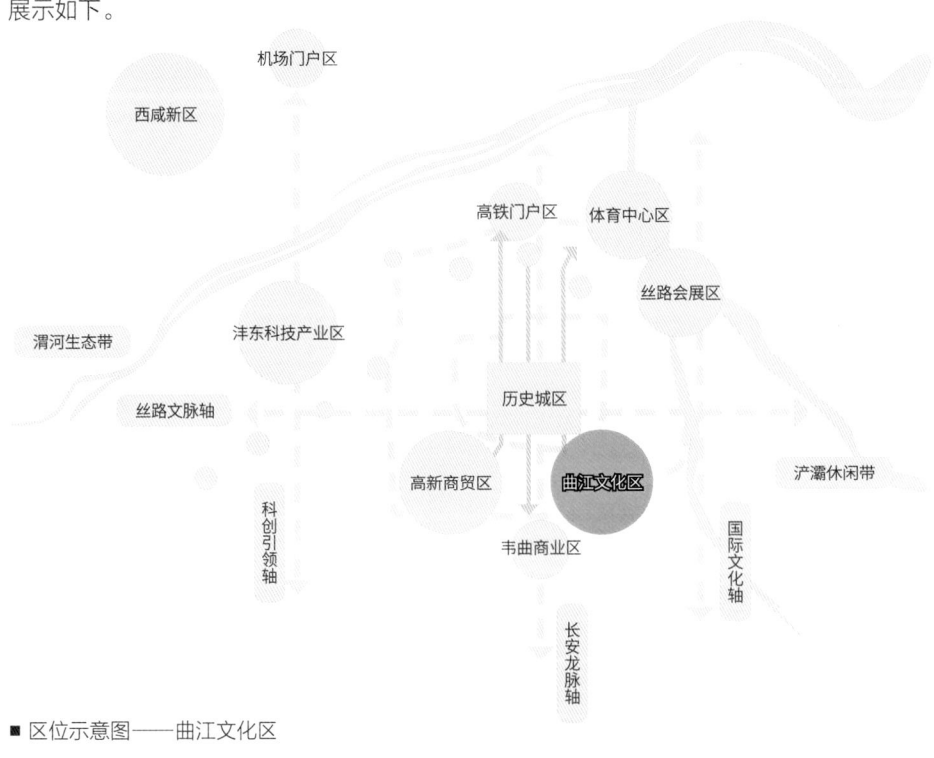

■ 区位示意图——曲江文化区

■ 2019年 曲江新区

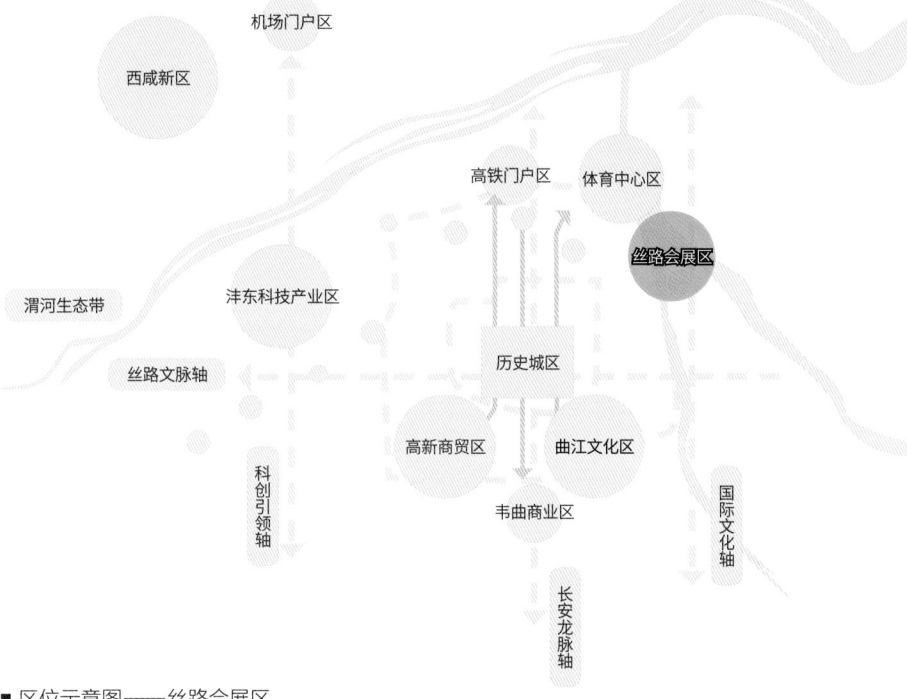

机场门户区

西咸新区

高铁门户区   体育中心区

丝路会展区

渭河生态带   沣东科技产业区

丝路文脉轴   历史城区

高新商贸区   曲江文化区

科创引领轴   韦曲商业区   国际文化轴

长安龙脉轴

■ 区位示意图——丝路会展区

■ 2020年 丝绸之路国际会展中心

机场门户区

西咸新区

高铁门户区　体育中心区

丝路会展区

渭河生态带

沣东科技产业区

丝路文脉轴

历史城区

科创引领轴

高新商贸区　曲江文化区

韦曲商业区

国际文化轴

长安龙脉轴

■ 区位示意图——体育中心区

■ 2020年 西安奥体中心主体育场

机场门户区

西咸新区

高铁门户区

体育中心区

丝路会展区

沣东科技产业区

渭河生态带

丝路文脉轴

历史城区

高新商贸区

曲江文化区

浐灞休闲带

科创引领轴

韦曲商业区

国际文化轴

长安龙脉轴

■ 区位示意图——高铁门户区

■ 2019年 西安北站

064

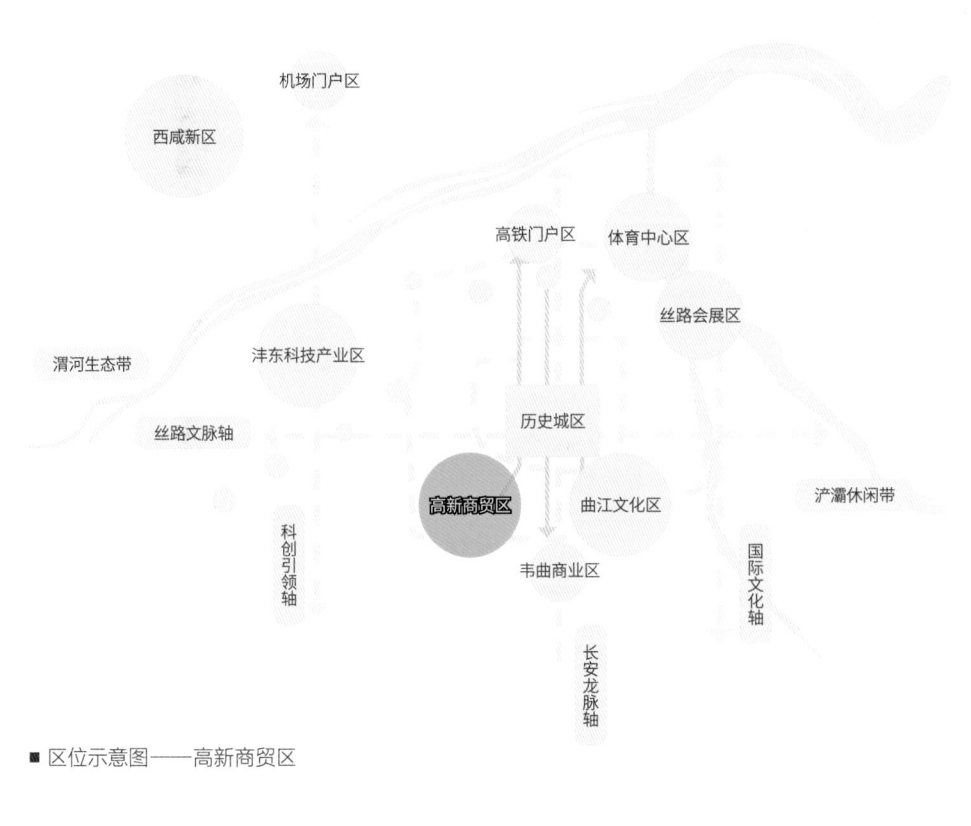

机场门户区

西咸新区

高铁门户区　体育中心区

丝路会展区

渭河生态带　　沣东科技产业区

丝路文脉轴

历史城区

高新商贸区　　曲江文化区

浐灞休闲带

科创引领轴

韦曲商业区

国际文化轴

长安龙脉轴

■ 区位示意图——高新商贸区

■ 2018年 锦业路沿线

三、品质西安·夜景描绘城市细部——微观提要求

微观层面对不同类型功能区、城市标志点、照明要素提出具体的城市夜景设计要求。通过对各照明载体提出夜景照明引导要求，从照明类型、光源选择、亮度、色温等方面进行规范，让城市中的每一处亮化都合情合理，尽显城市夜晚的细节之美，让西安的古都韵味与时代气息更值得推敲，更值得追随。

1.夜景照明功能区

（1）居住区

居住区照明要求

总体照明要求	营造和谐、幽静的夜间照明环境，突出各个小区建筑特色，形成错落有致、简洁美观的夜景风格。采用柔和、暖色、低亮度照明 照明等级：不高于三级 平均亮度：5~10（cd/m²）
禁止性要求	禁止设置对居住建筑有干扰光的照明设施；禁止熄灯时段建筑主体照明；严格限制居住建筑的广告照明

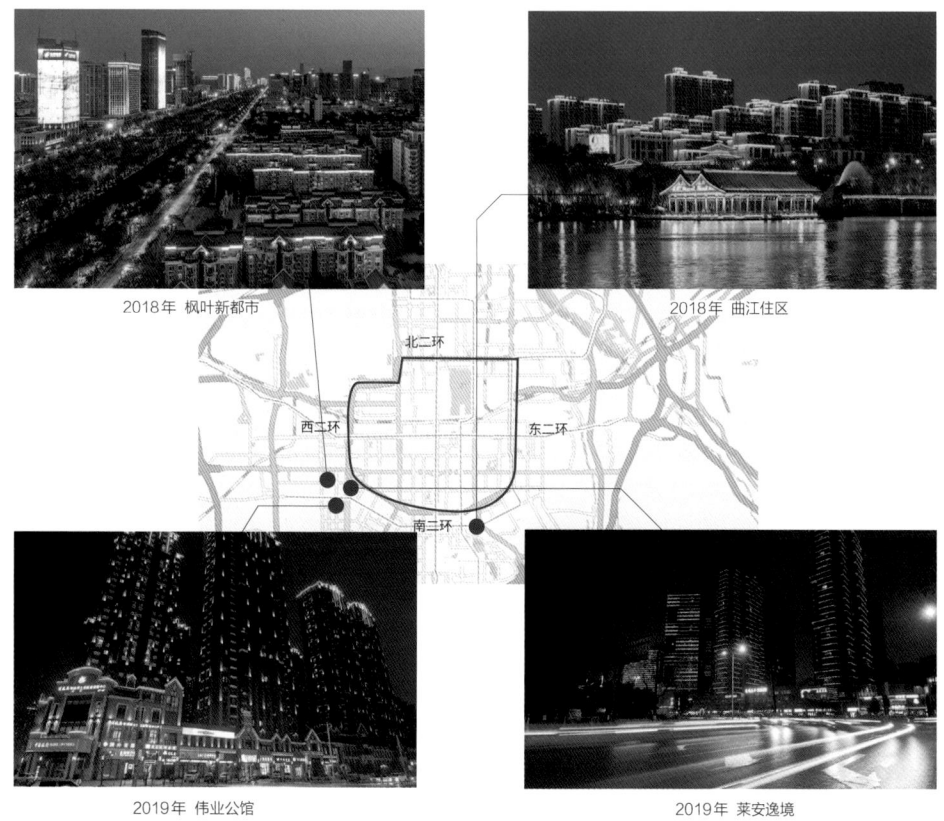

2018年 枫叶新都市

2018年 曲江住区

北二环

西二环　东二环

南二环

2019年 伟业公馆

2019年 莱安逸境

■ 居住区案例位置图

（2）商业区

商业区照明要求

总体照明要求	展现商业街区风貌特色，突出建筑体量的丰富变化。采用多元化、多层次的照明方式，结合优质户外广告灯箱，打造商业街区夜晚繁华景象 照明等级：一级、二级 平均亮度：15~25（cd/m²）
禁止性要求	熄灯时段禁止对周边居住建筑形成干扰；严格控制投光角度与投光方向，禁止对城市交通造成干扰的夜景照明

■ 2020年 益田假日世界购物中心

■ 2019年 熙地港

（3）文化旅游区

文化旅游区照明要求

总体照明要求	通过亮度对比突出主体建筑照明，以游览功能为主的建筑应以主要游览路径和观赏视角作为重要考虑要素 照明等级：二级、三级 平均亮度：10~15（cd/m²）
禁止性要求	熄灯时段禁止对居住建筑有光污染的景观性照明；建筑周围100m范围内设置照明缓冲区，禁止过高亮度和剧烈动态变化

■ 2019年 永兴坊

■ 2019年 大唐不夜城

（4）行政办公区

行政办公区照明要求

总体照明要求	体现现代化，突出标志性建筑，形成夜间丰富的天际线；遵循节约、可持续原则，避免过度照明；采用冷色，低亮度照明 照明等级：不高于三级 平均亮度：5~10（cd/m²）
禁止性要求	熄灯时段禁止对居住建筑有光污染的景观性照明

■ 2019年 都市之门

（5）教育科研区

教育科研区照明要求

总体照明要求	高校、研究机构夜晚照明以安全性为主，强调重要公共区域、标志性建筑夜间景观。以冷色调为主，主体以投光照明与装饰照明结合（慎用彩光） 照明等级：不高于三级 平均亮度：5~10（cd/m²）
禁止性要求	禁止夜景照明扰乱建筑内人员的工作学习，严禁产生光污染或光干扰

■ 2019年 西安外国语大学

（6）工业区

工业区照明要求

总体照明要求	展现现代产业园活力，突出建筑轮廓线。以安全性照明为主，避免过度照明 照明等级：四级 平均亮度：5（cd/m²）
禁止性要求	熄灯时段禁止对周边居住建筑有光污染的景观性照明

■ 2019年 西电集团有限公司

（7）自然生态区

自然生态区照明要求

总体照明要求	在保持景观自然形态的前提下，选择恰当的照明对象元素塑造夜晚景观，体现自然环境的独有形态，尽量减少对自然环境的人为影响。突出城市标志性生态要素如山脚线、河流城市段的照明，在夜晚体现城市山水格局
禁止性要求	禁止大面积彩色光照明

■ 2019年 浐灞休闲带

2.夜景照明城市标志点

（1）历史城市标志点（钟鼓楼、大雁塔、小雁塔等）

①总体照明要求

分层次照明，着重表现建筑细部形态及肌理特征。顶部以窄光束泛光照明、轮廓照明为主；主体以背景照明、局部重点照明方式为主；基座以泛光照明为主。

②禁止性要求

禁止对建筑木结构、彩绘部分造成毁坏，灯具要采取隔热、散热等防火保护措施。大于60W光源的灯具以及电感镇流器不应直接安装于建筑木构件。

2019 年 鼓楼

2019 年 钟楼

2017年 小雁塔

2019年 大雁塔南广场

■ 历史建筑位置图

（2）现代城市标志点（行政中心、省图书馆、广电中心、电视塔、交通枢纽等）

① 总体照明要求

强调照明的可识别性，仅对公共建筑的局部入口、顶部、标识等进行照明。对具有行政执法部门的标识及国旗、国徽等需进行重点照明。

② 禁止性要求

禁止夜景照明扰乱建筑内人员的工作学习，严禁产生光污染或光干扰。

■ 2018年 电视塔

3. 夜景照明要素

（1）道路交通

道路照明要求

道路分类		分类标准	机动车道路			非机动车道路			人行道路		
			平均照度 Eav (lx)	平均亮度 Lav (cd/m²)	色温 (k)	平均照度 Eav (lx)	平均亮度 Lav (cd/m²)	色温 (k)	平均照度 Eav (lx)	平均亮度 Lav (cd/m²)	色温 (k)
功能性道路	快速路	红线宽60~100m,设计车速80km/h	25~30	1.75~2.0	2000	15~20	0.75~1.5	2000	8~10	0.5~0.75	2000
功能性道路	交通性主干道	红线宽40~60m,设计车速40~60km/h,体现城市交通功能的主干道	20~25	1.5~1.75	2000	10~15	0.75~1	2000	5~8	0.25~0.5	2000
生活性道路	综合性主干道	红线宽40~60m,设计车速40~60km/h,体现城市生活文化气息的主干道	20~25	1.5~1.75	3000~4200	10~15	0.75~1	3000~4200	5~8	0.25~0.5	2000~4200
生活性道路	次干道	红线宽30~40m,设计车速40km/h,为主要的生活服务性道路	10~15	0.75~1	2000~4200	5~8	0.25~0.5	2000~4200	3~5	0.1~0.25	2000~4200
生活性道路	支路	红线宽15~20m,设计车速30km/h	8~10	0.5~0.75	2000~4200	—	—	—	—	—	—

① 道路绿化照明

对城市主干道、景观性大道的绿化隔离带及行道树进行适度夜景照明。照明强度应低于公园、广场绿地夜景照明，作为道路夜景的辅助背景，保障行车安全。

■ 2020年 凤城八路

■ 2019年 雁塔南路夜景

■ 2019年 长安路夜景

②交通设施

城市桥梁（立交桥）——其照明强度高于普通路段，兼顾环境美观效果及行车安全保障。禁止性要求：禁止使用红色、绿色等影响妨碍交通安全的光源。

■ 2018年 未央路北二环 ■ 2018年 长安立交

人行天桥——天桥的照明不应对桥下车辆驾驶员的视觉造成不良影响，防止照明设施对行人和机动车驾驶员造成眩光；人行空间不宜采用大面积彩光进行功能照明。

■ 2019年 丈八立交人行天桥

停车场——根据使用要求、夜间车辆进出的频繁程度，合理设置照明，应加强眩光控制，提高引导性，合理采用不同的布灯形式，保证形成有效的引导性照明。

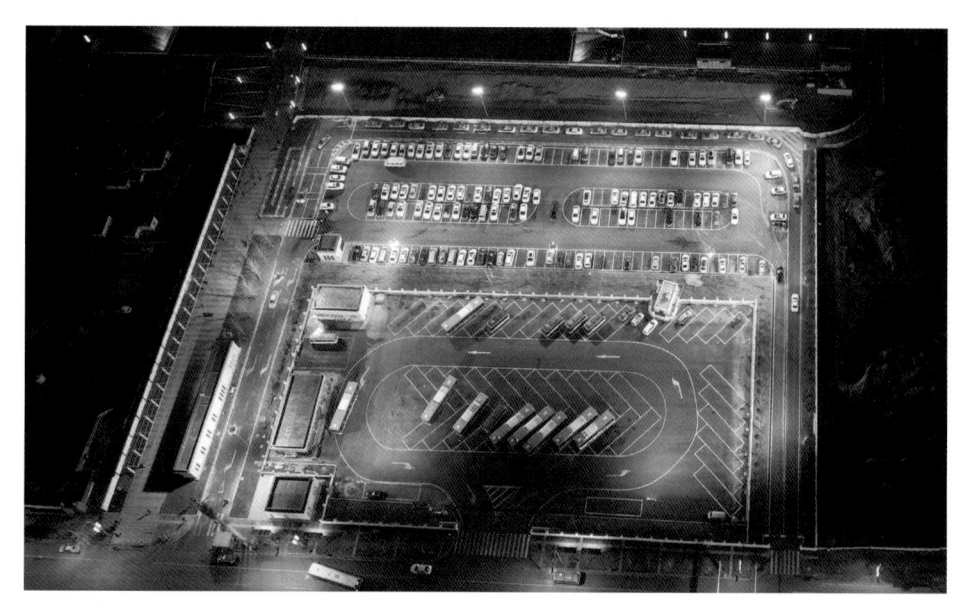

■ 2019年 北客站公共停车场

地铁站点——注重引导性、可识别性、安全性，结合地铁运营时间，采用较为统一的主题光色。

■ 2019年 永宁门地铁站

（2）建筑元素

①传统建筑

传统建筑照明要求

照明目标		控制方式	夜景照明方式建议
传统建筑	在符合《西安历史文化名城保护条例》，不影响传统建筑的基础上，分层次照明，着重表现建筑细部形态及肌理特征	顶部	照明类型：窄光束泛光照明、轮廓照明
			色温：暖色（≤3300K）
			光源选用：钠灯、金卤灯（暖）、LED灯
		主体	照明类型：背景照明、局部重点照明
			色温：暖色（≤3300K）
			光源选用：钠灯、金卤灯（暖）、LED灯
		基座	照明类型：泛光照明
			色温：暖色（≤3300K）、中间色（3300~5300K）
			光源选用：金卤灯（冷、暖）、荧光灯（暖）、LED灯
		禁止性要求	禁止对建筑木结构、彩绘部分造成毁坏，灯具要采取隔热、散热等防火保护措施。大于60W光源的灯具以及电感镇流器不应直接安装于建筑木构件

■ 2018年 鼓楼

② 仿古建筑

仿古建筑照明要求

景源价值	照明目标	控制方式	夜景照明方式建议	
仿古建筑				
高	分层次照明，着重表现建筑檐口，强调底部商业氛围	顶部	照明类型：泛光照明、轮廓照明	
			色温：暖色（≤3300K）	
			光源选用：钠灯、金卤灯（暖）、LED灯	
		主体	照明类型：泛光照明与装饰照明结合	
			色温：暖色（≤3300K）、中间色（3300~5300K）	
			光源选用：金卤灯（冷、暖）、荧光灯（暖）、LED灯	
		基座	照明类型：商业装饰照明	
			色温：暖色（≤3300K）、中间色（3300~5300K）	
			光源选用：金卤灯（冷、暖）、LED灯	
较高	分层次照明，着重表现建筑檐口等	顶部	照明类型：泛光照明、轮廓照明	
			色温：暖色（≤3300K）	
			光源选用：钠灯、金卤灯（暖）、LED灯	
		主体	照明类型：泛光照明、内透光照明为主	
			色温：暖色（≤3300K）、中间色（3300~5300K）	
			光源选用：金卤灯（冷、暖）、荧光灯（暖）、LED灯	
		基座	照明类型：泛光照明	
			色温：暖色（≤3300K）、中间色（3300~5300K）	
			光源选用：金卤灯（冷、暖）、荧光灯（冷）、LED灯	
一般	分层次照明，着重表现建筑檐口等，主体弱化处理	顶部	照明类型：泛光照明	
			色温：暖色（≤3300K）	
			光源选用：钠灯金卤灯（暖）、LED灯	
		基座	无底商	照明类型：泛光照明，以功能性照明为主
				色温：暖色（≤3300K）、中间色（3300~5300K）
				光源选用：金卤灯（冷、暖）、荧光灯（冷）、LED灯
			有底商	照明类型：商业装饰照明色温：暖色（≤3300K）、中间色（3300~5300K）、冷色光（>5300K）
				光源选用：金卤灯（冷、暖）、荧光灯（冷）、LED灯

■ 2019年 西安美术馆

■ 2018年 大唐西市

③现代建筑

a.居住建筑

低层、多层居住建筑：满足功能性照明，对其他照明不作强制性要求。

高层居住建筑：进行顶部照明，对建筑主体外立面不要求照明。

禁止性要求：

禁止设置对住户有干扰光的照明设施；禁止熄灯时段建筑主体照明；严格限制居住建筑的广告照明。

■ 2019年 罗马景福城

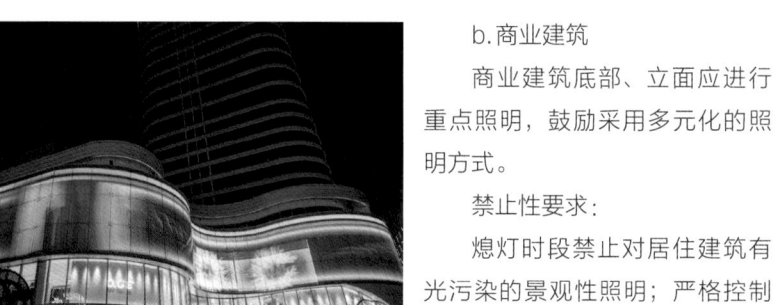

■ 2019年 MOMOPARK

b.商业建筑

商业建筑底部、立面应进行重点照明，鼓励采用多元化的照明方式。

禁止性要求：

熄灯时段禁止对居住建筑有光污染的景观性照明；严格控制投光角度与投光方向，禁止对城市交通造成干扰的夜景照明。

c.文化旅游建筑

通过亮度对比突出主体建筑照明；以游览功能为主的建筑应以主要游览路径和观赏视角作为重要考虑要素。

禁止性要求：

熄灯时段禁止对居住建筑有光污染的景观性照明；建筑周围100米范围内设置照明缓冲区，禁止过高亮度和剧烈动态变化照明。

■ 2019年 陕西历史博物馆

■ 2019年 陕西师范大学

d. 教育科研建筑

强调照明的可识别性，仅对公共建筑的局部入口、顶部、标识等进行照明。色光体现科研院所严谨、质朴的风格。

禁止性要求：

禁止夜景照明扰乱建筑内人员的工作学习，严禁产生光污染或光干扰。

e. 行政办公建筑

重点表现建（构）筑物的顶部及入口形象；对具有行政执法部门的标识及国旗、国徽需进行重点照明。

禁止性要求：

禁止动态光源；熄灯时段禁止对居住建筑有光污染的景观性照明。

■ 2019年 西安市人大常委会办公楼

f. 医疗建筑

对建（构）筑物的顶部及入口进行重点照明，增强可识别性，同时防止照明扰乱建筑内工作人员及病人的正常工作和休息。

禁止性要求：

禁止使用动态光源，严格控制彩色光源；严禁产生光污染或光干扰。

■ 2019年 西安国际医学中心医院

g. 工业建筑

以功能性照明为主，保障区域内安全性；高度大于80米的构筑物须在顶端进行标识性照明。

禁止性要求：

熄灯时段禁止对居住建筑有光污染的景观性照明。

■ 2020年 西电集团有限公司

（3）公园广场

①公园绿地

城市绿化带禁止三种及以上色彩的景观照明、禁止使用动态光源。公园绿地的夜景照明禁止对道路、车辆造成眩光影响。

街头绿地——泛光照明；照明等级四级；色温与绿化环境配合，展现花草树木的鲜艳、翠绿，突出绿化效果。

■ 2019年 长乐西路

■ 2019年 太华南路

城市公园——泛光照明；照明等级不高于三级；照度由沿街面部分向内逐渐降低，创造丰富的层次感；公园步道的坡道、台阶、高差处应设置照明设施；公园的入口、公共设施、指示标牌应设置功能照明和标识照明；对于夜间开放的城市公园，开放区域的道路要求保证安全性照明，满足人员夜间活动的需求。

■ 2018年 西安天坛遗址公园

■ 2019年 西安世博园

　　城市绿化带——泛光照明，以黄色、绿色光源为主，突出绿化效果；对于有条件开放的绿化带，开放区域的内部道路要求保证安全性照明，满足人员夜间活动的需求。

■ 2018年 唐延路唐长安城林带

②城市广场

交通广场禁止使用高亮度、高眩光的光源，禁止使用动态光源，避免影响驾车人员。

■ 2018年 南门广场

■ 2019年 鼓楼广场

■ 2018年 新城广场

（4）公用设施

公用设施的照明以功能性为主，照明在满足相关规范要求的前提下，对不同公用设施提出不同控制要求。

候车亭、公交站——注重引导性和可识别性，满足基本使用照明要求，不再设置专门的灯具，避免重复照明；公交线路较少的小型公交站，应设置专门的照明灯具，建议使用节能灯具，采用内发光灯箱形式。

■ 候车亭、公交站

■ 自行车架

自行车架——停放点应根据停放数量，按照1~1.5米间隔布置地灯。注重营造环保节能、美观舒适的照明环境。

报刊栏——配置有广告灯箱的报刊栏两侧灯箱在夜晚有照明作用，其照度要能满足阅读的基本照明，不再设置专门的灯具，避免重复照明；不能采用广告灯箱照明的报刊栏，要设置专门的照明灯具，设置节能灯具，安装在报刊栏上方，或采用内发光灯箱形式，保证在夜间查看文字内容的需求。

■ 报刊栏

■ 卫生间

卫生间——注重引导性和可识别性，照明建议采用屋顶泛光照明，入口处应加强照明和采光，内部应加大采光系数或增加人工照明，以方便使用。

■ 自动售货机

自动售货机——注重可识别性，建议在售货机本体的展示窗和取物口处设置LED灯条。照度应在能满足人们正常使用的基础上实现吸引视线的目的，方便售卖机的夜间使用，同时使用也更加安全、美观、节约。

■ 电话亭

电话亭——亭内设置照明，采用"LED柔平板显示发光板"技术。

■ 公共座椅

公共座椅——在座椅周边设置小型地灯，禁用大型发热光源，适当营造出座椅周边环境的柔和氛围。

■ 垃圾箱

垃圾箱——在景观区或者商业步行街等地方应考虑夜间垃圾箱的地灯照明，以明确垃圾箱的位置。应采取低照度地灯照明方式。

（5）广告标识

①建（构）筑物上的广告标识

商业建筑夜间广告标识亮度值应≤1000cd/m²；非商业建筑裙房夜间广告标识亮度值应≤600cd/m²；除商业建筑、商业裙房外，其他建（构）物上的广告标识的夜景照明色温、亮度要与建筑本身相一致。

纪念性建筑物或行政办公建筑上不得设置霓虹灯广告标识。

除指示性、功能性广告标识外，行政办公建筑、住宅建筑、医疗建筑不得设置广告照明。

■ 2019年 唐延中心城　　　　　　　　■ 2019年 赛格国际购物中心

②地面上的广告标识

地面上广告标识的照明不得以闪烁光源影响居住建筑或城市道路的使用，应避免对街道上的行人和驾驶员产生眩光。

广告标识系统的照明设施不得影响日间城市景观。

■ 2019年 曲江创意谷

③公共设施上的广告标识

公告设施上的广告标识以功能性照明为主。

广告标识的夜景照明要与所附着的公共设施的夜景照明相协调，色温、平均亮度相一致。

公共设施上的广告标识不得妨碍交通安全，交通管制信号装置周围 10 米以内及其背景空间内的广告照明，不得采用闪光方式。

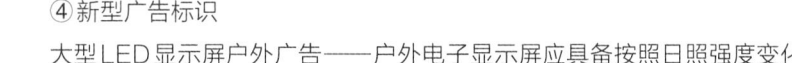

■ 2019年 大庆路

④新型广告标识

大型LED显示屏户外广告——户外电子显示屏应具备按照日照强度变化调节亮度的功能，以满足其夜景照明需求；广告运营时间为早8点至晚10点。

双色LED滚动屏户外广告——以功能性照明为主；不得影响交通安全和周边居民正常生活。

投影式户外广告——严格控制投影式户外广告光线的投射角度，不得影响交通安全和居民正常生活；投影式户外广告不能影响建筑功能的发挥、干扰建筑内的活动。

■ 2019年 东南城角

（6）雕塑小品

①传统元素雕塑小品

照明类型：泛光照明、轮廓光照明；

光源选择：金属卤化物灯、紧凑型荧光灯、LED灯或新型光源等；

照明等级：不高于三级；

平均亮度：5~10cd/m²；

色温：暖色及中间色光（3300~5300K）。

■ 2018年 大唐不夜城贞观纪念碑

■ 2019年 大唐不夜城群英谱雕塑

②现代风格雕塑小品

照明类型：内透光照明、轮廓光照明、泛光照明；

光源选择：金属卤化物灯或高压钠灯、紧凑型荧光灯、LED灯或新型光源等；

照明等级：一至二级；

平均亮度：25~15cd/m²；

色温：冷色（＞5300K）及中间色光（3300~5300K）；

现代风格雕塑小品照明宜简洁，具有视觉冲击感，局部采用彩色光、变色光。

■ 2019年 延平门广场新年雕塑

■ 2019年 益田假日广场《万物皆牛》

■ 2019年 中大国际高新店雕塑《Hello！》

（7）水体

①自然水体照明

自然水体主要包括渭河、浐河、灞河等，在亮化设计中主要以勾勒水体轮廓为主，辅以岸边的景物以此突出水体的存在和景观亮化的设计效果。

对于以自然环境为主的区段，保证其功能性照明，水体照明主要为轮廓照明，勾勒水体轮廓。

对于周边建设量大的河段，在保证功能照度的基础上，以近水照明与临水照明相结合的方法，通过沿岸建（构）筑物和街道等自身照明，以及水体上的桥体、堤岸上的植物、栏杆、雕塑等照明，在水中形成动态有规律的倒影，形成水体照明。

对于人员活动聚集的自然水体，可适当结合喷泉、水幕增设光表演和光雕塑作品，丰富自然水体照明类型。

■ 2019年 渭河风雨廊桥

■ 2018年 灞河东路

②人造水体照明

人造水体主要包括公园类及城市广场类。

对于公园类人造水体，主要以静态水体照明为主，通过周边建筑、桥体、绿化、滨水游步道的景观性照明与水体自身轮廓照明相结合，形成水体照明。

城市广场类水体，结合游人活动，采用部分动态照明、采光照明相结合的方式，营造丰富的水景照明。

喷泉照明首先应确定需要照明的是水还是构筑物，周围照明不能过亮或减弱色彩效果。

水体周边应设置功能照明，防止人员意外落水；同时注意水体照明的安全性。

■ 2019年 西安汉城湖公园

■ 2018年 曲江池遗址公园

第四章
西安夜景照明展望之路

城市人文

城市文化

城市经济

城市品质

■ 2019年 安定门

　　城市夜间景观形象是城市风貌不可或缺的一部分，美丽的城市夜景对繁荣经济、发展旅游业、塑造和展现一个城市的夜间形象、营造时尚的文化氛围等具有十分重要的意义。

　　为了提升城市夜景景观水平、营造节日亮化氛围、带动夜间经济发展、增强市民幸福感、提升游客的体验感、展现国际化大都市城市魅力，西安市政府一直以来都高度重视西安夜景照明工作，先后编制了《西安市城市照明专项规划》《西安市夜景照明设计导则》《西安市城市夜景照明管理办法》《西安市城市夜景亮化建设管理工作实施细则》《西安市节日亮化设计导则》等法规、规划、技术规范。在此基础上，西安制定了"一城两环两河三横六纵九片区"的城市夜景亮化规划体系，在确定夜景照明的基础上，以"旅游+"和旅游全域化为发展战略，以夜间经济提升为突破口，积极拓展西安市旅游产业链，构建"品牌化、全域化、特色化、国际化"的西安夜间经济，形成观光游憩、文化休闲、演艺体验、特色餐饮、购物娱乐五位一体的产业发展模式。

　　经过多年的努力，西安在夜景照明方面取得了不俗的成绩，伴随着广泛的关注与好评，西安的夜景照明应向更高、更远的方向发展。

■ 2018年 永宁门

一、城市人文

　　城市夜景照明是对夜晚空间环境的功能性与艺术性提升，它为市民的夜生活提供必要且舒适的休闲、娱乐、购物及交往的环境，满足市民活动需要的同时，使城市的夜晚活跃了起来。

　　未来西安的夜景照明仍将以满足市民生活生产需要为基础，不断提升城市夜间能见度，提高夜晚出行安全感，为市民与游客创造更加舒适安全的夜晚社会活动与交往空间；为减少城市夜间事故和犯罪、暴力事件的发生提供环境支撑。

　　未来随着西安城市夜景的不断发展，西安的城市幸福指数将不断提升，市民将对这座城市产生更强的认同感、归属感、安定感与满足感，外界人群将对西安产生向往度和赞誉度。

■ 2018年 永宁门

二、城市文化

　　古都西安具有深厚的历史文化底蕴，未来的西安将是具有历史文化特色的国际化大都市，发展西安特色和西安风格的城市夜景照明是彰显西安特色城市文化的必要举措。

　　未来西安城市夜景照明将紧密围绕"古韵流光，时代溢彩"的总定位开展，让现代化城市的现代风采与千年古都的传统韵味交相辉映。对于传统历史文化建筑、景区，要更加注重表现建筑细节形态及肌理特征，以突出建筑的文化特色为目标，凸显古都西安的典雅、大方。对于现代化、国际化发展区域要不断更新利用前沿照明手段及照明技术，更加注重照明艺术塑造，最大程度地凸显现代化大城市的时尚之美。

　　在传统文化的弘扬方面，西安市夜景照明将持续借助"西安年·最中国"等主题活动，将最具中国特色的传统文化重新解读、创新演绎，不断优化节庆灯光效果，在光影斑斓间展示盛世中华的风采，为将西安打造为最具文化特色的旅游目的地而助力。

三、城市经济

　　城市照明建设可以将旅游活动的时间段大大延长，游客可以全时段、多方位地感受一座城市的魅力，为夜间经济创收。

　　未来，随着西安市城市夜景照明建设的迅猛发展，不断优化完善的城市夜景不仅会增加城市的魅力，更为重要的是将不断改善西安的城市面貌、优化投资环境、提升城市的竞争力，从而使西安的经济文化活动更加活跃、更加繁荣，为城市的经济发展注入无限活力，还将有力地带动商业、旅游业、服务业等不同产业及文化餐饮广告行业的飞跃式发展，同时对城市周边地区经济的发展起到带动和辐射作用，加快整个大西安建设发展的步伐。

　　最终，绚烂的灯光、考究的夜景、城市的魅力都将转变为实际且可观的经济效益。

■ 2019年 南大街

■ 2018年 大唐不夜城

四、城市品质

城市夜景照明可以重塑城市的品位和质量。

未来西安城市夜景的发展将不断强化城市空间结构特征，凸显建筑形态特色，优化道路交通连通功能，提升居住条件与环境景观质量，全面塑造城市的外形特质。与此同时，发展中的西安夜景照明将对几千年的城市历史、最富有中国特色的城市文化以及追赶超越的城市精神进行深刻诠释，全面塑造城市的文化内涵品质。未来的西安夜景照明，必然是对城市美好外在形象与优秀文化内涵的完美结合，是美好城市形象的展示窗口，是塑造高品位、高质量城市环境的重要手段。

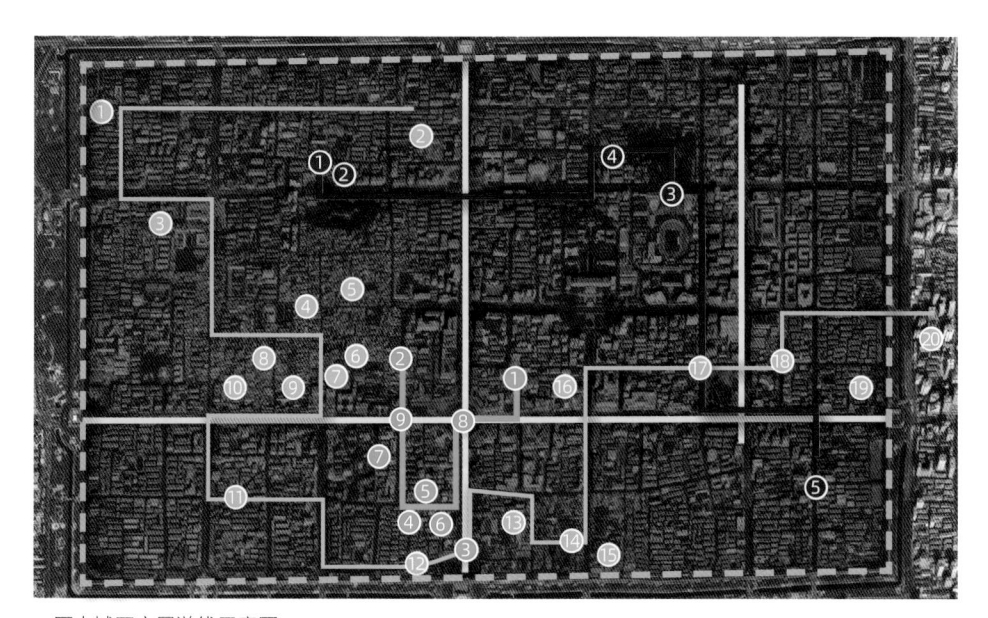

■ 历史城区夜景游线示意图

红色游线：
1. 西安事变纪念馆
2. 杨虎城纪念馆
3. 革命公园
4. 八路军西安办事处纪念馆
5. 张学良公馆

宗教文化游线：
1. 广仁寺
2. 糖坊街天主堂
3. 西五台云居寺
4. 大皮院清真寺
5. 小皮院清真寺
6. 化觉巷清真大寺
7. 北广济街清真寺
8. 大学习巷清真寺
9. 都城隍庙
10. 小学习巷营里寺
11. 五星街天主教堂
12. 湘子庙
13. 关中书院
14. 西安碑林
15. 卧龙寺
16. 西安市基督教南新街礼拜堂
17. 东新街清真西寺
18. 建国巷清真寺
19. 东岳庙
20. 八仙庵

文化娱乐游线：
1. 易俗社剧场
2. 北院门
3. 南门
4. 德福巷

5. 粉巷
6. 湘子庙
7. 竹笆市
8. 钟楼
9. 鼓楼

环城游线：
1. 环城公园
2. 城墙

购物游线：
1. 东大街
2. 西大街
3. 南大街
4. 北大街
5. 解放路

附录：《西安市城市夜景照明管理办法》

（市政府令第102号2013年5月19日施行）

第一条 为加强城市夜景照明管理，规范夜景照明行为，美化城市夜景，展示西安历史文化名城形象，根据《城市照明管理规定》，结合本市实际，制定本办法。

第二条 本市新城区、碑林区、莲湖区、雁塔区、未央区、灞桥区和开发区等城市建成区范围内夜景照明的规划、建设、维护、使用和管理，适用本办法。

第三条 本办法所称夜景照明，是指在户外通过人工光以美化城市夜景为目的的装饰性照明。

第四条 市市政行政管理部门是本市城市夜景照明工作的主管部门，负责本市夜景照明设施的建设、维护、使用和监督管理工作。

区人民政府和开发区管理委员会具体负责本辖区内城市夜景照明设施的建设、维护、使用和监督管理工作。

规划、发展和改革、建设、文物、市容园林、公安、财政、城管执法、交通运输、电力等部门，应当按照各自职责，做好城市夜景照明相关工作。

第五条 城市夜景照明应当遵循统一规划、分级负责、科学设置、节能环保、突出特色、和谐美观的原则。

第六条 鼓励公民、法人和其他组织采取多种形式，参与建设夜景照明设施。

第七条 市市政行政管理部门应当根据城市总体规划，会同市规划、发展和改革、建设等部门编制市城市夜景照明专项规划，报市人民政府批准后，由市市政行政管理部门组织实施。

各区人民政府和开发区管理委员会根据市城市夜景照明专项规划编制城市夜景照明分区规划，并报市市政行政管理部门备案。

第八条 下列建（构）筑物或场所，应当设置夜景照明设施：

（一）繁华商业区和城市主要大街两侧的建（构）筑物；

（二）城市广场、绿化、雕塑、喷泉、车站、桥梁、风景名胜区、河湖水域及沿岸景观地带等公共场所及临时性重大活动的景观照明场所；

（三）体育场（馆）、剧院、博物馆、市级以上文物保护单位等公共文体设施；

（四）城市标志性建（构）筑物、主要大街以外五十米以上的非住宅类建（构）筑物；

（五）主要大街的广告灯箱、商业门匾；

（六）市城市夜景照明专项规划及分区规划确定的其他场所。

城市繁华商业区、主要大街两侧的建（构）筑物和城市景观地带的具体范围，由市市政行政管理部门会同市规划等部门确定，报市人民政府批准后公布。

第九条 城市广场、桥梁、文物景点等政府部门管理的建（构）筑物或场所的夜景照明设施，由其管理部门设置；其他应当设置夜景照明设施的建（构）筑物、场所，由其所有权人或管理人负责设置夜景照明设施。

第十条 设置城市夜景照明设施应当符合市城市夜景照明专项规划，并遵守以下规定：

（一）图案、造型、规格比例与建（构）筑物及周围环境相协调；

（二）采用新技术、新工艺、新材料、新光源，避免光污染；道路两侧的夜景照明设施不得影响交通安全；

（三）符合环保要求，有防火、防风、防漏电等安全设施；

（四）采用平时、一般节假日、重大节假日（庆典活动）的分级亮化模式。

第十一条 城市夜景照明设施的设计、施工，应当符合夜景照明设施技术规范、标准和施工操作规程。从事城市夜景照明设施的设计、施工单位应当具备相应的资质。

第十二条 新建、改建、扩建的建（构）筑物或城市广场，建设单位应当按照本办法和城市夜景照明专项规划、分区规划，配套建设城市夜景照明设施。城市夜景照明设施应当与主体工程同时设计、同时施工、同时投入使用，所需费用纳入建设成本。

本办法实施前未配套建设夜景照明设施或者现有城市夜景照明设施不符合本办法和城市夜景照明专项规划的，所有权人或者管理人应当进行建设或者改造。

第十三条 在审查新建、改建、扩建建（构）筑物规划、建设事项时，规划行政管理部门应当依据城市夜景照明专项规划和分区规划对附属的夜景照明设施工程方案进行审查；建设行政管理部门应当对附属的夜景照明设施建设内容进行审查，并查验建设单位与所在区人民政府或开发区管理委员会签订的同步建设夜景照明设施责任书。

市政行政管理部门应当在建设工程项目竣工综合验收时，对建设项目的夜景照明设施进行检查验收，督促建设单位将夜景照明设施与主体工程同时投入使用。

第十四条 城市大型、标志性建（构）筑物以及重要文物景点、广场的夜景照明设计方案，应当通过专家委员会论证，由市市政行政管理部门进行方案初审后，报规划、建设行政管理部门审查，重大夜景照明项目应当报市人民政府审定。

第十五条 市市政行政管理部门应当牵头组织建立全市夜景照明工程协调工作联席会议制度，会同各区人民政府、开发区管理委员会以及市建设、规划、财政、电力等部门，协调解决夜景照明工程推进工作中的问题。

第十六条 城市夜景照明的启闭时间由市市政行政管理部门遵循科学、合理、必要、节俭的原则，分区域、分时段确定；遇重大活动需要调整启闭时间的，应当及时通知相关单位。

第十七条 市市政行政管理部门应当建立全市夜景照明管理控制中心系统，对城市夜景照明设施运行实行统一管理。

开发区管理委员会应当建立相应的夜景照明控制系统，并与市市政行政管理部门的夜景照明管理控制中心系统联网。

第十八条 市市政行政管理部门应当制定城市夜景照明节能计划和节能措施，控制景观照明的范围、亮度和能耗密度，并依据有关规定，淘汰低效照明产品。

第十九条 市市政行政管理部门应当定期对城市夜景照明能耗等情况进行检查，防止城市夜景照明的过度照明等超能耗标准的行为。

第二十条 政府投资的城市夜景照明设施，由其管理部门负责维护。设施运行所需资金应当纳入同级财政预算，专款专用，保证夜景照明设施的正常运行。

社会力量投资建设的城市夜景照明设施，由其所有权人或者管理人负责维护。

第二十一条　维护城市夜景照明设施，应当执行夜景照明设施维护技术标准和规范，保证设施运行正常，整洁美观，图案文字清晰、完整。

第二十二条　城市夜景照明设施用电实行电价优惠，电费收取按路灯电费标准执行。夜景照明设施用电应当与单位内部商业、办公以及其他照明用电负荷分开，并安装电表单独计量。

第二十三条　禁止下列危害城市夜景照明设施正常运行的行为：

（一）在城市夜景照明设施安全距离内倾倒含酸、碱、盐等腐蚀性物质或者挖坑取土；

（二）在城市夜景照明设施附近堆放渣土、垃圾或者设置建（构）筑物，堵塞、覆盖维修通道或者设施设备；

（三）擅自停用、拆除、迁移、改动城市夜景照明设施；

（四）擅自接用城市夜景照明电源；

（五）擅自在城市夜景照明设施上架设线缆或者张贴、悬挂物品；

（六）在城市夜景照明设施上刻划、涂污；

（七）盗窃、损毁、非法占用城市夜景照明设施；

（八）其他危害城市夜景照明设施正常运行的行为。

第二十四条　市人民政府将城市夜景照明建设管理情况纳入对各区人民政府和开发区管理委员会的年度工作目标考核内容，具体考核由市市政行政管理部门实施。

市市政行政管理部门应当制定全市夜景照明管理工作考核办法，并加强日常巡查和抽查，根据考核结果对各区人民政府和开发区管理委员会夜景照明设施运行工作进行奖励，奖励资金列入城建计划。

第二十五条　违反本办法规定，有下列行为之一的，由相关行政管理部门依据有关法律、法规、规章进行处罚：

（一）未按规定建设或改造城市夜景照明设施的；

（二）未按规定时间启闭城市夜景照明设施的；

（三）城市夜景照明设施的图案、文字显示不全或者污浊、陈旧，未按规定修复、维护的。

第二十六条　违反本办法第十九条规定，在城市夜景照明中有过度照明等超能耗标准行为的，由市市政行政管理部门责令限期改正；逾期不改正的，处一千元以上三万元以下罚款。

第二十七条　违反本办法第二十三条规定，由市市政行政管理部门责令改正，对个人处二百元以上一千元以下罚款；对单位处一千元以上三万元以下罚款；造成损失的，依法赔偿损失。

盗窃、损毁城市夜景照明设施的，由公安机关依据《中华人民共和国治安管理处罚法》予以处理；构成犯罪的，依法追究刑事责任。

第二十八条　本办法规定的行政处罚，市市政行政管理部门可以委托各区人民政府、开发区管理委员会实施。

第二十九条　当事人对行政处罚决定不服的，可依法申请行政复议或者提起行政诉讼。

第三十条　市政行政管理部门和其他行政管理部门的工作人员徇私舞弊、玩忽职守、滥用职权的，由所在单位或者上级主管部门给予行政处分；构成犯罪的，依法追究刑事责任。

第三十一条　长安区、阎良区、临潼区和市辖县人民政府可以根据当地实际情况，参照本办法执行。

后记：夜景照明在路上

西安夜景照明的建设，塑造了西安城市的夜间形象，与日间形象相辅相成，成为游人解读西安的钥匙。

西安夜景照明的快速发展，给西安带来了令人耳目一新的形象，让全国乃至全世界对西安的美丽夜景有了深刻的认识与极大的赞赏。西安被网友票选为"2018年春节最火爆旅游目的地""全国最美夜景城市"，便是最好的佐证。

近几年西安市城市夜景照明的飞速发展，离不开政府的高度重视和大力支持，在相关政策及资金的有力保障下，西安市的夜景照明取得阶段性成果，城市夜景美誉度和知名度也随之提升，同时促进和带动了相关产业和行业的发展，提高了夜间经济的活力。

经历了多年的摸索、探讨和发展，西安城市夜景照明正在步入合理、健康及科学的轨道。未来，西安的城市夜景照明之路将由"盲目向设计""区域向整体""粗放向精细""美化向艺术"的道路发展，将更紧贴市民需求、紧追国际趋势、紧赶发展速度。让西安，越夜越美丽……

作为《西安市夜景照明设计导则》的主要编制者，我们对西安市夜景照明的实践之路密切关注，《西安城市夜景照明规划与实践探索》便是对西安市城市夜景照明发展成果的效果检验。同时，我们希望以这种形式对西安日新月异的夜晚形象、不断攀升的城市魅力、硕果累累的发展成就进行浓墨重彩的展示。

感谢为此付出努力的每一位摄影师、设计师及文字工作者。

由于条件及时间有限，本书还存在许多不足与不当之处，敬请您的指正，我们将不断改进。

图书在版编目（CIP）数据

西安城市夜景照明规划与实践探索 / 西安市城市规划设计研究院编著 . —北京：中国建筑工业出版社，2020.12

ISBN 978-7-112-25506-1

Ⅰ.①西…　Ⅱ.①西…　Ⅲ.①建筑照明—照明设计—城市规划—研究—西安　Ⅳ.①TU113.6

中国版本图书馆 CIP 数据核字（2020）第 187271 号

责任编辑：何　楠　陆新之
责任校对：焦　乐

西安城市夜景照明规划与实践探索
西安市城市规划设计研究院　编著
*
中国建筑工业出版社出版、发行（北京海淀三里河路 9 号）
各地新华书店、建筑书店经销
逸品书装设计制版
北京富诚彩色印刷有限公司印刷
*
开本：787 毫米 ×1092 毫米　1/16　印张：6½　字数：154 千字
2020 年 12 月第一版　2020 年 12 月第一次印刷
定价：**75.00** 元
ISBN 978-7-112-25506-1
（36520）